自動運転で伸びる業界消える業界

Upward industry/Downward industry caused
by Autonomous Driving Technology

技術ジャーナリスト　鶴原吉郎
Yoshiro Tsuruhara

マイナビ

はじめに

自動運転という言葉を新聞やニュースなどで目にすることが多くなった。しかし、自動運転技術が私たちの社会にもたらす変化の本質は、あまり語られていない。高齢社会に対応するための、運転をラクで安全にする技術——そんな文脈で語られることが多いようだ。

しかし、自動運転技術は、これから20～30年のうちに自動車という巨大産業のビジネスモデルを一変させ、ひいては私たちの社会や生活のありようまで変えてしまう、そんなインパクトを秘めた技術なのである。

影響を受けるのは自動車産業だけではない。その周辺の部品産業や素材産業はもちろん、電機産業や物流産業、外食産業や流通産業、そしてエネルギー産業から娯楽産業まで、あらゆる産業に大きな影響を及ぼしていくだろう。

つまり、いま本書を読んでいるまさにあなたの仕事や生活にも、重大な影響を与えることは確実だ。

本書は、自動運転技術とその普及が、私たちの生活と産業にどのような影響を与えるか、現在の技術の進展度合いと、他産業も含めた技術の進化の方向、さらには私たちのライフスタイルの変化を踏まえ、予測される変化を描き出したものである。

本書のタイトルは『自動運転で伸びる業界 消える業界』といういささか物騒なものになった。読者諸兄を脅かすのは本意ではないが、自動運転技術は、先に触れたように、私たちの仕事や生活に大きな影響を及ぼしていくことになる。

それは、自動車産業や自動車部品産業だけでなく、駐車場や自動車整備業界、物流業界といった関連産業はもちろん、小売業やエンタテインメント産業といった、一見関連なさそうな業界にも及ぶ。そして、自動運転技術が自分たちの業界をどう変えていくのか、という視点で事業を根本から見直さなければ、文字通り「消えてしまう」可能性すらある。

逆に、この変化をチャンスと捉える企業にとっては、さまざまな新しい事業の可能性が開ける、まさに夢のような時代がこれから始まることになる。「消える業界」になるか「伸びる業界」になるかは、前例に囚われない発想と、失敗を恐れない実行力にかかっている。

もちろん、将来のことだから、本書に書かれた通りの変化が起きるとは限らない。しかし、本書の狙いは「将来を当てる」ことにあるのではない。本書が描き出す将来像の中には、必ずしも読者の携わる産業にとって好ましくない未来もあるだろう。

そんなとき「こういう望ましくない将来を回避するにはどうすればいいのか」「自社に都合のいい未来を招来するには何をすべきか」を、ぜひ考えていただきたい。

未来は変えることができる。未来は、いわば「こういう未来にしたい」という意思の集合体である。もし、起こるがままの未来に身を任せていたら、それは「誰かにとって都合のいい未来」になる公算が大きい。

読者それぞれが、自分にとって好ましい未来を描き、それを実現するためのシナリオを構築する、そのために本書が少しでも役に立てればこれ以上の喜びはない。

2017年7月　盛夏の日に

オートインサイト代表／技術ジャーナリスト　鶴原吉郎

目次

第三節 業態転換が求められる既存産業２ ～自動車関連産業～

第四節 市場が縮小する業界

第三章

異業種が入り乱れての開発競争

２０１７年秋から市販車に搭載
【ボルボ・カーズ】ウーバーと共同でベース車両を開発
【フォード・モーター】急ピッチで巻き返しを図る／自動運転ベンチャーにも投資
【トヨタ自動車】〝手放し走行〟を公開／人間の状態を推定する／人工知能研究の子会社を設立
【日産自動車】一般道路での実用化スケジュールを発表／まず高速道路の自動運転を実用化／完全自動運転を目指す
【ホンダ】パーソナルカーユースでの実用化時期を発表／外部との連携を強化
【テスラ】完全自動運転への対応を始める

第二節　自動運転車市場に参入するＩＴ企業の狙い

【グーグル】無人タクシー送迎サービスを目指す／ＦＣＡやホンダと提携
【ウーバー】あらゆる移動サービスの最適化を可能にする／自動運転をにらむ
【アマゾン】音声アシスタントシステムで自動運転に参入／ドローンだけではない
【ディー・エヌ・エー（ＤｅＮＡ）】自動運転事業に積極的に参入
【ＳＢドライブ】自動運転バスを事業の柱とする

第四章 自動運転を支える技術

第一章

100年に一度の変化が起こる

音楽・映像産業、携帯電話産業をはじめ、様々な産業で、ビジネスモデルが大きく変化している。その原動力となっているのは「モノ」に「ソフトウエア」や「ネットワーク」といった様々な要素を組み合わせることで「モノ」だけでは実現できない価値を実現する「複層的な価値形成」だ。これまで「モノ」の価値で勝負してきた自動車業界も、自動運転技術が引き金となって、「複層的な価値形成」が持ち込まれ、ビジネスモデルが根底から変わるのは確実だ。そのとき自動車産業はどう変化し、我々の生活や仕事もどう変わるのか。

第一節

他業界ですでに始まった大変化

現在のガソリン自動車の原型は、約130年前の1886年に、ドイツのゴットリープ・ダイムラーとカール・ベンツが発明したものである。1908年に登場したT型フォードによって自動車の大衆化の幕が開き、それから約100年かけて、自動車は巨大産業へと成長し、いまなお拡大し続けている。しかし自動車産業とは何かを改めて考えてみると、クルマを作って、売る、という極めてシンプルなビジネスをしているに過ぎない。そして、自動車産業というビジネスモデルは、誕生以来100年以上変わっていない。

クルマを置き換える「何か」

しかし、これから本書で話題にしようとしている自動運転技術は、この「100年以上続いてきた自動車産業のビジネスモデル」を根底から覆す可能性がある。その変化は、馬車が自動車に変わったのと同じくらいの、いや考えようによってはそれ以上の大きなものになるだろう。自動運転技術によって、クルマはクルマではない「何か」に変わる。

このような認識は、すでに自動車産業界で広がっている。例えば日産自動車のカルロス・ゴーン社長（当時）は、2017年1月に米ラスベガスで開催された世界最大級の家電見本市「CES 2017」の基調講演の中で「馬車が自動車に置き換わったのと同じスケールの変化をもたらす」と語っている。家電見本市で、なぜ自動車メーカーの社長が講演するのか不思議に感じた人もいるかもしれないが、電気自動車の普及をひとつのきっかけに、自動車メーカーの出展は当たり前になった。

ではクルマを置き換える「何か」とは何なのだろうか。そのはっきりした姿はまだ見えていない。ただし、一度変化が起きれば、そのインパクトは非常に大きい。一番分かりやすいのは、携帯電話が、いわゆる「ガラケー」から「スマートフォン」に変化した例だろう。スマートフォンは、ガラケーと同様に、他人と通話するための装置である。しかしいまや、スマートフォンを通話に使う頻度は、ウェブサイトを見たり、友人と「LINE」のやりとりをしたり、メールのチェックをしたりする頻度に比べるとはるかに少ないだろう。スマートフォンの登場は、携帯電話機の定義から、個人のコミュニケーションのやり方、買い物スタイル、チケットの予約など、我々の生活様式そのものまで変えてしまった。

その過程で、携帯電話機の産業ではプレーヤーの大きな変動が起こった。ガラケーの時代には、NTTと関係の深い日本の電機産業が大きな存在感を示していた。しかしスマートフォンの時代になると、それまで携帯電話の事業とは縁もゆかりもなかった米アップルの「iPhone」の存在感が俄然大きくなり、サプライヤーとして韓国や中国のメーカーが躍進する一方で、国内の電機メーカーの存在感は見る影もなくなっている。

一方、スマートフォンの最大の特徴はアプリで機能を自由に追加できること。ガラケーからスマートフォンに変わったことで、ゲームや、ショッピング、決済、コミュニケーションなどの分野で様々なアプリが登場し、それぞれが巨大な産業になっている。このように、スマートフォンの登場は、その周辺に様々な新しい産業・市場を作り出した。これと同様のことが、自動車産業でも起こるのは確実だ。

音楽・映像産業で起こっている変化

自動車産業がこれからどのように変化していくのかを考えるうえで参考になるのは、すでに大きな変化が起こっている他産業だ。その典型は音楽・映像産業だろう。

従来、音楽や映像を家庭で楽しむためには、CDやDVDなどの物理的なメディアを購入するか、レンタルショップで借りる必要があった。ところが、米アップルが、音楽ソフトを1曲1曲、インターネット上でダウンロードできるサービス「iTunes Store」を開始すると音楽・映像市場に二つの画期的な変化が起こった。一つは、音楽が形のないデータとして流通するようになったことだ。「音楽を購入すること＝音楽を収録したメディアを購入すること」ではなくなり、ネットにつながっている環境なら、ユーザーは販売店に行かなくても、いつでもどこでも、好きな音楽を購入できるようになった。

二つ目は「欲しい曲だけを購入できるようにしたこと」だ。従来、好きなアーティストが新しいアルバムを発表したら、そこに収録されている曲は、嫌いな曲も含めて、すべて「抱き合わせ」で買うしかなかった。もちろん、何度も聴くうちに、抱き合わせの曲を好きになるという楽しさもあったが、それはあくまで副次的なものに過ぎない。これに対してiTunesは1曲ずつダウンロードする仕組みなので「好きな曲だけ」を購入できる。アーティストにとっては、1曲1曲シビアに検討されるようになったことを意味している。

▨ 所有から利用へ、モノからサービスへ

現在の音楽・映像業界では、さらに大きな変化が起きている。iTunesのサービスでは、音楽ソフトや動画ソフトを「データ」という形で所有していたが、最近では動画や音楽を

まったく所有しない形のサービスが急速に普及している。

その代表的なものが音楽配信サービスの「Spotify」や動画配信サービスの「Netflix」といったインターネット経由のストリーミング配信サービスである。いずれも月額1000円程度の利用料金で、無制限に音楽ソフトや動画ソフトを楽しめる。

こうしたサービスを契約すれば、インターネット環境があれば、いつでもどこでも好きな音楽や動画を楽しめるし、スマートフォンやタブレット端末、パソコンやテレビなど、再生するデバイスに制限もない。

しかも、こうしたサービスが提供している音楽や動画はそれぞれ数千万曲、数千タイトルに及んでいる。自分で所有している場合とは比べものにならないほど多くのソフトを楽しめる。大げさにいえば、SpotifyやNetflixのサービスを利用するということは、手のひらに、数千万曲の音楽ソフトや数千タイトルの動画ソフトを持ち歩いているのと同じことになる。

私事になるが、筆者の大学生の長男は、以前はレンタルCDやレンタルDVDを利用していた。しかし、SpotifyやNetflixを契約してからは、当たり前のことだが、そうしたレンタルサービスをまったく利用しなくなった。長男はまだ結婚していないが、恐らく彼

図1-1　ストリーミング音楽配信サービスSpotifyの操作画面（写真：Spotify）

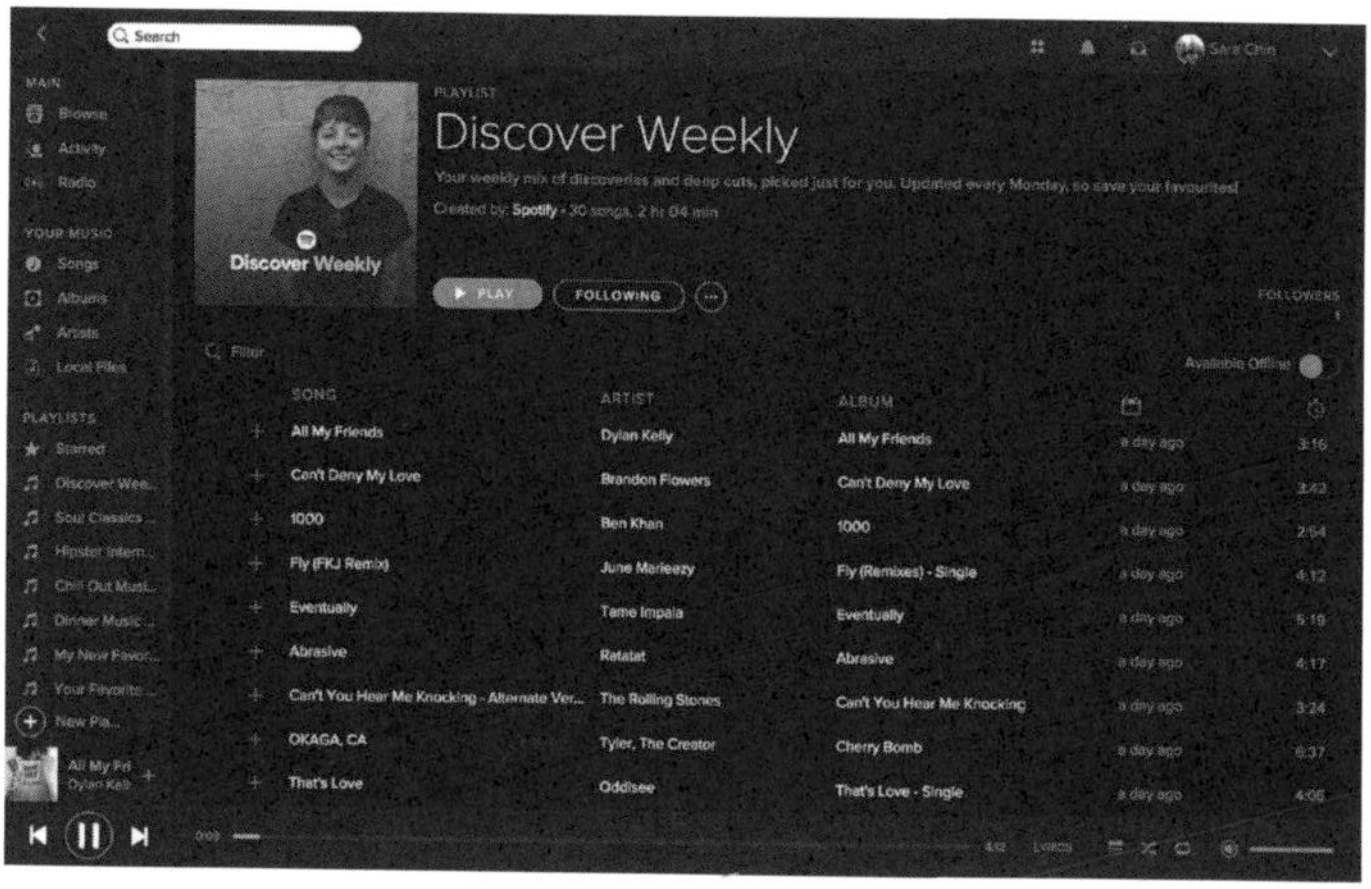

数千万曲、数千タイトルの中から、聴きたい音楽ソフトや観たい動画ソフトを選べるし、インターネット接続可能なものであれば、スマートフォンやタブレット端末、パソコンやテレビなど、再生するデバイスの制限もない。

が世帯を持つときには、自宅にＤＶＤやＣＤを収納するためのラックは置かないだろう。それはそうだ。ストリーミング配信サービスを利用すれば、自分で音楽や動画のソフトを所有していなくても、数千万曲の音楽と、数千本の動画コレクションを所有しているのと同じなのだから。ＣＤやＤＶＤの置き場所をめぐる夫婦喧嘩も起こりようがないだろう。

筆者の自宅にはまだＣＤやＤＶＤが本棚の中の比較的大きなスペースを占めているが、それらのＣＤやＤＶＤを取り出す機会も、かなり少なくなってしまった。

これまでになかった体験も提供

このように若い世代では、ＣＤやＤＶＤといった「モノ」を所有せず、必要なときに、必要な場所で、好きな音楽や動画を「オンデマンドで呼び出す」というライフスタイルが定着しつつある。「所有から利用へ」「モノからサービスへ」という変化が、すでに音楽や動画の世界では広がりつつあるのだ。メディアという「モノ」から、ストリーミング配信という「サービス」にビジネスモデルが移行することによって、ユーザーは低コストで、より多くの種類の音楽や動画を、より便利に、より多様に楽しめるようになった。

ストリーミング配信サービスを利用するメリットはそれだけではない。例えばSpotifyでは、利用すればするほど、システムがユーザーの嗜好を理解し、高い精度でユーザーが好みそうな曲を勧めてくれるという「リコメンド機能」が高い支持を得ている。この機能を目的に加入する人も少なくないようだ。

数千万曲の中から、自分好みの新しい曲やアーティストを探すのはたやすい作業ではないが、このリコメンド機能によって、これまで知らなかった自分好みのアーティストと出会う確率が高くなる。ＣＤプレーヤーで音楽を聴いていた時代にはあり得なかったサービスだ。

複層的な価値形成とは

それでは、「モノからサービスへ」の移行は、産業構造にどのような変化をもたらすのだろうか。これも音楽の例に戻ると、例えばCDで音楽を聴く場合に必要なのは、CD本体と、それを再生するオーディオセットだけだった。非常にシンプルな組み合わせだ。それに対して、スマートフォンを使い、ストリーミング音楽配信サービスで音楽を聴く場合は、スマートフォン本体だけがあればいいというわけではない。そのスマートフォン上で動作するOSがあり、そのOS上で動く音楽再生アプリケーションソフトがあり、スマートフォンに音楽を配信するための通信ネットワークがあり、この通信ネットワークに音楽を配信するサーバーがあって初めて音楽を楽しめる（図1−2）。

Spotifyでは、月額料金を払う有料コースとは別に、画面に広告が表示される無料コースも用意している。この場合には広告を配信するためのシステムも必要になる。さらに読者の中には、好きな音楽はやはり「モノ」として所有したいという人もいるだろう（筆者もその一人だ）。この場合には、アマゾンのようなCDを注文できるネット販売のサイトも

図1-2　音楽サービスの構成要素の比較

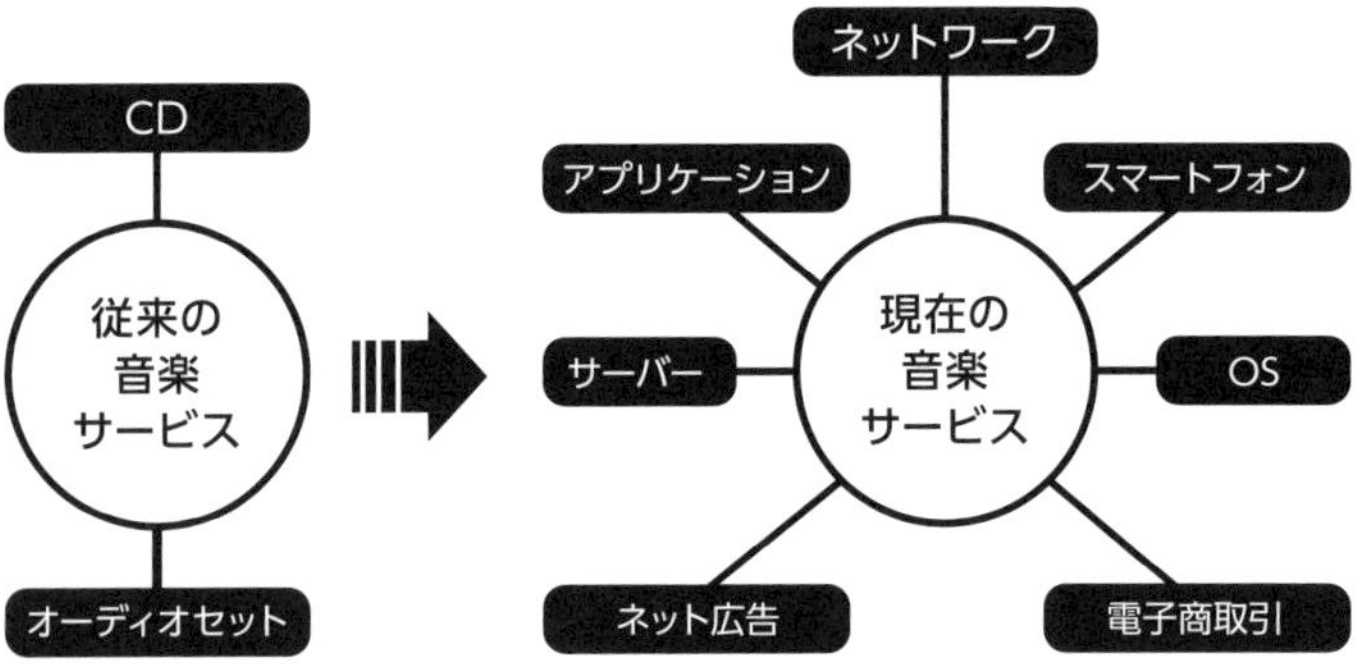

音楽配信サービスは、ハードウエアだけでなく、OS、ソフト、アプリケーションなど様々な要素から構成されている(筆者作成)

必要だ。

こう考えてくると、「音楽を聴く」という行為がモノからサービスに移行した場合、利用者にとっては「CDやDVDといったモノを所有しなくても音楽を聴ける」というシンプルなサービスだが、それを実現するために、ハードウエアやソフトウエア、ネットワーク、サーバーなどいくつもの要素が必要であることが分かる。こうした、サービスを構成するいくつもの要素を「レイヤー(層)」と呼ぶことが多い。音楽配信サービスのように、一つのサービスを様々なレイヤーで構成することは、やや難しい言葉になるが「複層的な価値形成」と呼ばれている。

この言葉は、特定非営利活動法人産学連携推進機構理事長で、一橋大学 大学院商学研究科（ＭＢＡ）客員教授などを務める妹尾堅一郎氏が提唱しているもので、妹尾氏は日本の電機産業凋落の一端は、こうした複層的な価値形成に対応できなかったことにあると分析している（1）。

（1）「妹尾堅一郎氏が語る『ビジネスモデル乱世に生き残る条件』」、EnterpriseZine、２０１２年10月20日、https://enterprisezine.jp/bizgene/detail/4236ほか

製造業でも進むサービス化

こうした複層的な価値形成は、音楽や動画のようなコンテンツサービスだけでなく、製造業でも進んでいる。例えば、英国の航空機用エンジンメーカー、英ロールスロイスは、「Power By The Hour」というサービスを展開している。従来、航空機用エンジンのビジネスモデルは、ロールスロイスのようなエンジンメーカーが、米ボーイング社や欧州エアバス社といった航空機メーカー向けにエンジンという「ハードウエア」を販売することが一般的だった。これに対してPower By The Hourは、エンジンの売り先が航空機メーカーではなく、日本航空や全日本空輸といった航空会社だという点が、まず大きく違う。

しかも、このサービスで、ロールスロイスはエンジンを「売り切り」の形で販売するのではなく、エンジンの出力と使用時間の積に応じて、航空会社から利用料を受け取り、サービスやメンテナンスなどの業務も請け負っている。つまり、ロールスロイスはジェットエンジンを販売するという「モノの販売」から、「空を飛ぶための手段を提供し、利用時間に応じて課金する」という「サービスの販売」にビジネスモデルを転換したといえる。

現在、ロールスロイスにおける民間航空機エンジン部門の収入の7割がサービスによるものと言われている。ビジネスモデルの転換によって、整備や点検など従来航空会社が自社で手がけていた業務も含めて請け負うことにつながり、売上が拡大している。

こうしたサービス化は、航空会社にとってもメリットがある。一つは初期投資が抑えられることだ。航空会社にとっては、一度に多額の費用を負担する必要がなく、特に資金力の弱いLCC（格安航空会社）にとってはメリットが大きい。

もう一つのメリットは、自社で整備体制を整える必要がないことだ。航空機では、機体の整備は運航の安全に直結するため、非常に高いスキルが要求される業務で、整備体制を整え維持していくためには膨大なランニングコストがかかる。これに対して、「Power By The Hour」ではエンジンの整備をすべてロールスロイスに委託する契約も可能だ。自社で整備体制を整える必要がなくなることは、やはりLCCにとってメリットが大きい。

これらのサービスを可能にしているのが、エンジンの各部に配置され、エンジンの運転状況を監視する多数のセンサーと、そのセンサーからの情報を収集する通信ネットワーク、そして、収集した情報を分析して異常を検知したり、部品の交換時期を判断したりするシステムなどである。

従来の航空機エンジンの整備では、定期的に部品交換を実施していた。まだ使える部品でも、機械的に交換していたわけだ。それに対して、現在はリアルタイムでエンジンの状況をモニタリングするシステムが導入されるようになった。どの部品を交換すべきか分かるようになったので、無駄な部品交換がなくなり、コスト削減につながっている。また、モニタリングしているので、飛行中の異常の兆候なども地上で分かる。そこで、着陸後、すぐに作業にかかれるように部品をあらかじめ着陸空港に用意しておくことなどが可能になり、作業効率の向上にも貢献している。

つまり、ストリーミング音楽配信サービスが、音楽を聴くためのハードウエアだけでなく、それを支えるアプリケーションやネットワーク、サーバーなど多くのレイヤーに支えられているのと同様に、ロールスロイスのPower By The Hourでも、ジェットエンジンというハードウエアだけでなく、センサーやそれを結ぶオンラインネットワーク、センサーからの情報を解析するシステムなど、多くのレイヤーが一体となって、同サービスを支えている。つまり製造業でも「複層的な価値形成」が進みつつあるわけだ。

ハードウエアだけでは実現できない価値

こうした複層的な価値形成はなぜ進んでいるのだろうか。その最大の理由は、ハードウエアにソフトウエア、サービス、ネットワークなど多様なレイヤーを組み合わせることで、ハードウエア単体では達成できない質の高いユーザー体験を、適切なコストで提供することが可能になることだ。複層的な価値形成がいかに強力かを示す一つの事例が、ソニーの携帯型音楽プレーヤー「ウォークマン」と、アップルの「iPod」の競争である。

かつて携帯型音楽プレーヤーの代名詞だった「ウォークマン」だが、2001年のiPodの登場後は、その座をiPodに奪われてしまったのはまだ記憶に新しい。両者の勝敗を分けるポイントはどこにあったのか。当時、ソニーはウォークマンの音質向上や、本体の小型化・薄型化といったハードウエアとしての性能向上に力を注いでいた。これに対してiPod（初代）は、本体に容量5GBのHDD（ハードディスク装置）を搭載することで、

1000曲もの曲を持ち歩けることを売り物にしていた。

しかもiPodの強みは、こうしたハードウエアの特徴だけではなかった。先に触れたような、「好きな曲だけを1曲ずつダウンロード購入できる」という「iTunes Store」のサービスや、購入した曲をパソコン上で管理するソフト「iTunes」の使い勝手など、ハードウエア、ソフトウエア、ウェブサービスを組み合わせた総合的な「ユーザー体験」によって、ウォークマンを上回る価値を提供することに成功したのである。

もう一つ例を挙げよう。これもアップルの話になってしまうが、同社のiPhoneやMacなどの商品には「Siri」という音声アシスタント機能が搭載されている。「Hey Siri、明日の朝7時に起こして」「お父さんの職場に電話して」「タイマーを5分にセット」など、話しかけるだけで、アラームや電話の機能をセットできる。

Siriで起動できるのは本体の機能だけではない。例えば「明日の天気は？」「六本木でハンバーガーが食べたい」「自転車で代々木公園まで行きたい」といったユーザーの質問・要望に対してもディスプレイの表示と音声の両方で回答できる。

こうした機能が可能なのは、Siriがユーザーの言っていることを理解する高度な音声認識機能を備えるとともに、ウェブの中からユーザーの求めている情報を探し出し、その結果を音声合成によってユーザーに伝えるという機能の実現に成功したからだ。音声認識技術の歴史は新しいものではなく、自動車の分野では10年以上前からカーナビゲーションシステムに搭載されている。しかし従来は認識率が低いうえに、登録したユーザーの声しか認識しないなど、性能的にも使い勝手の面でも水準が低かった。

それに比べるとSiriの音声認識の性能は驚異的でさえある。このような飛躍的な進歩には、音声認識技術そのものや、半導体の高速化といった技術の進歩ももちろん貢献しているが、それだけではない。Siriではユーザーの発言を、インターネットを介してサーバーに送り、その巨大な計算能力を活用することで、認識率を上げているのである。

つまり、Siriの高度な音声認識機能は、iPhone本体だけで実現されているのではなく、ネットの向こう側にある巨大な計算能力の上に成り立っているのだ。このようにSiriはハードウエアだけでなく、ソフトウエア、ネットワーク、サーバーなど様々なレイヤーを統合した結果として実現している。これも「複層的な価値形成」の顕著な例である。

自社の収益源を囲い込む

こうした「複層的な価値形成」は、企業の競争環境にも変化をもたらしている。その具体例を現在のＩＴ業界で見てみよう。従来、アップルはパソコンやスマートフォンなどのハードウエアを中心とするメーカーであり、マイクロソフトは「ワード」や「エクセル」などのパッケージソフトや「ウィンドウズ」などのＯＳを主力とするソフトウエアメーカーであり、グーグルは検索連動広告を事業の柱とする企業であり、そしてアマゾン・ドット・コムはインターネット上の書店を出発点とする電子商取引（ＥＣ）の企業だった。それぞれの企業の事業領域はきれいに分かれていて、それぞれの企業が直接競合することはなかった。

ところが、最近の動きを見ると、従来ハードウエアを手がけていなかったマイクロソフトやグーグル、アマゾンが相次いで、それぞれ「サーフェス」「ネクサス」「キンドル」といった自社ブランドのパソコンやタブレット、スマートフォンの展開を始めている。

なぜこれらの企業は他社の事業領域を侵犯し始めたのだろうか。それは、これらのハードウエアが、ユーザーと直接接触するインタフェースであり、ユーザーを囲い込むための重要なツールであることに気づき始めたからにほかならない。実際、グーグルのスマートフォンはグーグルのサービスを利用するのに都合よくできているし、アマゾンのタブレットはアマゾンに都合よくできている。例えば、アマゾンのタブレットで写真を撮影すると、その被写体がアマゾンで販売しているものなら、すぐにアマゾンの販売サイトに移動するアプリケーションを用意している。このように、自社のハードウエアは、自社の収益源であるサービスに誘導する「入口」の役割を果たしているのだ。

このように、それぞれの企業はハードウエア、ソフトウエア、サービスなど様々なレイヤーを組み合わせた「ユーザー体験」全体を、自社の収益を最大化するのに都合よく設計している。つまり、ここで起こっているのは、ユーザーを自社の収益源に誘導する「ビジネスモデル同士の熾烈な争い」ということができる。

競合相手の収益源を無効化する

この「ビジネスモデル同士の争い」の中では、自社の収益源にユーザーを誘導するばかりでなく「いかに相手の収益源の価値を無効化するか」を狙った「仁義なき戦い」さえ繰り広げられている。例えば、アップルは、同社のパソコンのユーザー向けに2013年以降、OSのアップデートや、マイクロソフトの「オフィス」に当たる「iWork」というソフトを、無償で提供している。アップルの収益源はパソコンやスマートフォンといったハードウエアの販売であり、これらのOSやソフトウエアの最大の役割はハードウエアの魅力を高めることである。したがって、最新のＯＳやソフトウエアを無償で提供し、ユーザーのハードウエアを常に最新の状態に保つように促すことは、ユーザーにとってのアップル製品の価値を保つうえで非常に重要な戦略といえる。

一方、マイクロソフトにとって「ウィンドウズ」のようなＯＳや、「オフィス」のようなソフトは現在でも重要な収益源である。アップルが同種の製品を無償で提供することは、マイクロソフトの収益源の価値を下げる方向に働く。

また、グーグルはスマートフォン向けのＯＳ「アンドロイド」を世界のスマートフォンメーカーに無償で提供している。これにより、グーグルは自社のサービスを利用してもらうための「入口」を世界中に普及させるのみならず、ＯＳを無償提供することで世界のスマートフォンメーカーが低コストで製品を製造できるようになり、独自ＯＳを採用する高額なアップルのiPhoneの価値を下げる圧力を生じさせている。

つまり、ＩＴ業界を筆頭として、世界のビジネスはハードウエアにソフトウエア、サービス、ネットワークなどを組み合わせた「総合格闘技」に進化し、その戦いの中では、価値形成を複層化しつつ、いかに自社の収益源（層）に多くのユーザーを誘導するか、そしていかに競合他社の収益源の価値を下げるかが、ビジネスモデル全体の設計の「勘どころ」

になっているのである。こういう戦い方は、早晩自動車産業にも持ち込まれるだろう。

IoTの本質とは

しかし日本企業はこうした世界のビジネスの潮流について行けていないのが実情である。その原因は、端的に言えば日本企業の「ハードウエア偏重」の傾向にある。日本は「ものづくり」の国であるとよく言われるが、これは見方を変えれば「モノで何とかしよう」という傾向が強いということだ。もちろん「モノ」が大事であることはこれからも変わらない。しかしこれまで見てきたように、世界のビジネスの潮流は、「モノ」だけでなく、そこにソフトウエアやネットワーク、サービスなど複数のレイヤーを組み合わせた総体として「価値」を形成する方向に変わっている。

そして、こうした複数のレイヤーで構成した「価値」は、モノだけで実現できる「価値」を明らかに凌駕する。これは、先ほど紹介したSpotifyのリコメンド機能や、Siriの音声認識機能を思い出してもらえば明らかだろう。

ここまで見てきたような「複層的な価値形成」を可能にしたのは「ネットワーク」と「ソフトウエア」という二つのテクノロジーの進化である。インターネットの普及と高速化、そして無線通信技術の発達により、「モノ」を「ネットワーク」につなげることが容易になった。そして、ソフトウエアの発達によって、ますます複雑で高度な作業を機械に任せることが可能になってきた。手のひらに収まるスマートフォンでも高度な音声認識や最適な経路探索など、ハードウエア単体では実現できない作業が可能になったのは、ひとえにこうしたネットワークとソフトウエアの発達の成果といえる。

このように、現代の「モノ」はソフトウエアとネットワークで武装することにより、従来の単独の「モノ」よりもはるかに高度な機能を果たすようになってきている。これまで、ネットワークにつながって高度な機能を果たすのはスマートフォンやパソコンなど、ＩＴ系の機器に限定されていたが、これからはすべてのものがネットワークにつながり、ハードウエア単体では達成できないような機能を果たすようになっていく。

このように、すべての「モノ」が「モノ＋ネット」に変わり、新たな価値を生み出そうとしている動きこそが、現在「ＩｏＴ（Internet of Things）」と呼ばれているものの本質だ。モノとインターネットが一体となってモノ単独では実現できないような高度な機能を実現しているシステムをＣＰＳ（サイバー・フィジカル・システム）と呼ぶこともある。サイバー、すなわちネット空間と物理的なモノが一体となったシステムという意味だ。

このＩｏＴ化、ＣＰＳ化の波は、近い将来、自動車にも確実に及ぶ。現在のクルマは、ネットにつながっていないことが当たり前だが、近未来のクルマはネットにつながっていることが当たり前になり、ネットにつながっていないクルマは、ネットにつながっていないスマートフォンやパソコンと同様な「役立たずのハコ」と見なされるようになるだろう。

第二節

米ウーバーの衝撃

しかし、すでに他産業では急速に進行しているこの動きに「自動車産業」の対応は遅い。いまだに自動車での技術開発は「ハードウエア中心」の「計測可能な価値の向上」である。具体的にいえば、それは車体の軽量化であり、出力の向上であり、燃費の改善であり、コストの削減である。

もちろん、ハードウエアの価値がなくなってしまうわけではない。しかしハードウエアで実現できる価値の比率は、クルマが提供する価値全体の中でどんどん小さくなっていく。では、クルマというハードウエアだけではなく、そこにソフトウエアやネットワーク、サービスを組み合わせることでいったいどんな新しい価値を生み出すことができるのだろうか。

「つながるクルマ」の試み

実は、クルマにインターネットをつないで新しい価値を生み出そうとする動きは決して新しいものではない。例えばトヨタ自動車は2001年にテレマティクスサービス

「G-BOOK」を発表、2002年から実際にサービスを開始した。これは、カーナビゲーションシステムに通信機能や音声認識、データ読み上げの機能を備えることで、ニュース、天気、株価、ナビと連動した交通情報、地図、音楽、電子書籍、映像などの情報を取得したり、電子メールなどの送受信、ネットワークゲーム、ネットワークカラオケ、会員情報サービス「GAZOO」での商品購入など、多彩な機能を実現することを目指していた。

トヨタの後を追って、日産自動車は「カーウイングス」、ホンダも「インターナビ」と呼ぶ通信カーナビを使ったサービスを開始したが、これらのサービスは不調に終わり、たとえ通信機能を持つカーナビを持っていても、実際には通信機能を使わないユーザーも多い。「つながるクルマ」は画餅に終わっているのが現状だ。この最大の理由は、わざわざカーナビを使わなくても、スマートフォンでほとんどのことはできてしまうことにある。「つながるクルマ」で新たな価値を生み出すことは難しいのではないかという、半ば諦めのような空気が、つい最近まで自動車業界にはあった。

ライドシェアという死角

ところが「つながるクルマ」の萌芽は、まったくマークしていなかった方向、いわば死角から突然やってきた。それが米ウーバー・テクノロジーズに代表されるライドシェアサービスの急速な普及である。

日本にいると気づかないが、例えば米国では、タクシーの代わりにウーバーのサービスを使うことが、半ば常識になりつつある。ウーバーの提供するサービスを一言で表すと「スマートフォンを使った配車サービス」だ。ウーバーのアプリを起動すると、ユーザーのいる場所周辺の地図が表示され、どこにウーバー・ドライバーがいるかも示される。ウーバー・ドライバーは、日本ではプロのタクシーやハイヤーのドライバーに限られているが、海外では一般のドライバーもウーバー・ドライバーとして登録できる。

ここでユーザーは、移動したい場所の住所を入力するか、地図上で移動したい場所をタップすると目的地までの経路や、利用できる車種、目的地までの料金が表示される。利用できる車種には高級な車種、多人数乗車可能な車種などがあり、車種によって料金は変わる。車種を決定すると、ドライバーが選択され、そのドライバーの評価（5点満点）や顔写真、車名などが表示される。表示されたドライバーの評価が低い場合、ドライバーを代えることもできる。決済に現金は不要で、手続きはすべてスマートフォン上で完結する。

2009年3月に創業した同社は、またたく間に事業を拡大し、2016年5月時点で、世界66カ国、350都市でサービスを展開している。毎月の乗降回数は約1億回、アクティブなドライバーの数は110万人に達するという（いずれも2015年12月現在）。同社は未公開企業であり、売上や利益、配車台数などを公開していないのだが、その成長ぶりは推定時価総額からもうかがえる。

GM社を上回る時価総額

同社の2016年6月時点での時価総額は推定で625億ドルと言われており、この値は米GM（484億ドル、2016年11月10日時点）、米フォード・モーター（456億ドル、同）、ホンダ（515億ドル、同）といった大手自動車メーカーを上回る。この数字を見ても、いかに資本市場が同社の成長に期待しているかが分かる。

ウーバーが成長した秘密はいくつかある。一つはサービスの良さだ。米国ではタクシーサービスの質の悪さが、ウーバーのサービスの普及の背景にあるといわれている。ウーバーのサービスでは、顧客がドライバーを評価するだけでなく、ドライバーもまた顧客を評価し、その結果が公開されている。つまり顧客は評価の高いドライバーを、ドライバーは評価の高い顧客を選べる。この相互評価によって、ドライバーに「サービスを向上させる」

インセンティブが働き、結果として旧来のタクシーよりも質の高いサービスを提供するようになった。加えて利用料金がタクシーより2～5割安いことも、サービスの普及を促している。

日本では一般のドライバーによるライドシェアサービスが合法化されていないために関心は薄いが、世界ではライドシェアサービスを手がける企業は、米国ではウーバーと競合する米リフト、欧州ではイスラエル・ゲット、中国の滴滴出行（Didi Chuxing）、インドのオラ、東南アジアのグラブなど、続々と登場しており、新たな移動サービスとして急速に浸透している。特に都市部ではなくてはならない移動手段になっている。

まさに「移動のサービス化」

ウーバーのサービスのどこが「つながるクルマ」なのかと疑問に思う読者もいるかもしれない。ウーバーのサービスでは、クルマが直接ネットワークにつながっているわけではないからだ。しかし、先ほどから説明してきた「複層的な価値形成」という観点からウーバーのサービスを眺めてみると、これはまさに、クルマというハードウエアに、ネットワーク、ソフトウエアなどを組み合わせて新しい価値を生み出した例といえる。

例えば、先に挙げた音楽の配信サービスでは、ソフトウエアやネットワークを利用することで、音楽を所有することなく、何千万曲という音楽を、インターネットにつながっている場所なら、いつでも、どこでも、好きなデバイスを使って楽しむことを可能にしている。ウーバーのサービスは、クルマを持たなくても、いつでも、どこでも、好みの車種で、移動サービスを享受できるという点で、音楽配信サービスと共通している。一方で、クルマを購入しなくても、利用した分だけ料金を払えばいいという点は、ロールスロイスの「Power By The Hour」と共通点がある。

もちろん、クルマを持たなくてもクルマで移動できるサービスは、これまでにもタクシーやハイヤーという形ですでに存在していた。だから、ウーバーのサービスを表面的に見て「スマートフォンを使った白タクでしょ」と判断する向きも多い。しかし、ウーバーは、ソフトウエアやネットワークと組み合わせることで、ドライバーの質が保証され、不慣れな土地で遠回りされることもなく、多様な車種の中から目的に応じた車種を選択でき、しかも既存のタクシーよりも低料金で利用できる新たな価値を備えたサービスを創造したといえる。

実際ウーバーは、同じ方向に向かうユーザーを同乗させることで、より低料金を実現したサービスや、人間ではなくレストランからの食事のデリバリーサービス「ウーバーイーツ」など、既存のタクシーやハイヤーでは実現できないサービスを次々にメニューに加えている。こうした「複層的な価値形成」の威力を理解したからこそ、投資家たちはウーバーへの投資に価値を見いだしたのだろう。

「音声」がもう一つの切り口

「つながるクルマ」による「複層的な価値形成」には別の萌芽も見られる。それが「音声」だ。これも日本にいると気づかないのだが、いま米国ではアマゾンが販売するスピーカー型の音声アシスタント端末「アマゾン・エコー」が売れている。アマゾン・エコーとは、一言で説明すれば「話しかけるだけでいろいろなことを実行してくれるスピーカー」である。iPhoneのSiriと同様に「明日の天気は？」という質問に答えてくれたり、「明日の朝6時に起こして」といえば起こしてくれるといった機能を備えるが、エコーのすごさはこれだけではない。Siriで利用できるのは、基本的にiPhoneで実行できる機能だけだが、エコーでは、Wifiに接続されていれば、「テレビをつけて」というだけでテレビをつけてくれる。同様にWifiに接続された照明やカーテンがあれば、エコーに呼びかけるだけで、照明を消

図1-3　話しかけるだけでいろいろなことを実行してくれるスピーカー「アマゾン・エコー」（写真：アマゾン・ドット・コム）

したり、カーテンを開けたりしてくれる。

エコーは、人間の音声をかなり正確に認識し、人間に近い流ちょうな回答をする能力を備えているのだが、このエコーの機能を支えるのが、Siriと同様に、インターネットの向こう側に存在する高性能のサーバーである。エコーでは、サーバー上で「アレクサ」と呼ばれる音声アシスタントシステムが稼働していて、それが人間の指示を実行する。このアレクサがSiriと大きく異なるところは、アマゾンが外部の企業にもアレクサを利用できるようにシステムを開放していることだ。

アマゾンは、アレクサを外部の企業が利用するための「Alexa Skill Kit（ASK）」と呼ばれるソフトウエア開発キットを公開している。このキットを使って、外部の企業が「Skill」というソフトウエアを開発し、自社の製品に組み込めば、自社の製品でアレクサを利用できるようになる。

ピザもウーバーも音声で

例えば、ドミノピザが開発したSkillによってアレクサでピザの注文が、ウーバーが開発したSkillによってアレクサでの配車サービスが可能になった。もちろん、本家のアマゾンでも、アレクサを使った音声でのネットショッピングが可能だ。2017年初めの時点で、外部の企業が作成したSkillは5000以上に達していると言われている。それだけの数のサービスをアレクサで利用できるということなのだ。

アマゾンはアレクサをIoTの「OS」と認識しているようだ。すなわち、パソコンのOSがパソコンというハードウエアとソフトウエアの間を結びつけているように、アレクサに、IoT端末と各種サービスの間を結びつける役割を担わせようとしているのだ。

そして、このアレクサを利用したサービス網の中に、クルマも組み込まれようとしている。米フォード・モーターは、カーナビゲーションシステムにアレクサのSkillを組み込むことによって、ナビゲーションに話しかけるだけで目的地設定や電話をかけたりできる音声アシスタント機能に加えて、自宅の車庫のシャッター開閉を操作したり、アマゾンで商品を注文したりといった使い方を可能にしようとしている。

フォードに加えて、ドイツ・フォルクスワーゲン（ＶＷ）もアレクサを自社の車載機器に組み込むと発表した。ＶＷがアレクサの採用を発表したのは２０１７年1月に米ラスベガスで開催されたＣＥＳ ２０１７の会場だったが、会場内では、他に７００社もの企業が新たにアレクサの採用を発表し、その勢いを印象づけた。

これまでクルマでは、「つながるクルマ」の機能を実現しようとしても、運転中は車載機器の複雑な操作はできないことがネックになっていた。かといって停車中に操作するならスマートフォンと使い勝手は変わらない。しかし、音声で多彩な機能が利用できるとなれば、運転中の利便性は格段に上がる。

カーナビ単独で実現しようとしていた時代には使いものにならなかった音声認識技術が、インターネットを通じて強力なサーバーに接続されることで、初めて実用的な価値を持つようになった。つまり、音声で様々な機器を操作できるというアレクサの価値はまさに「複層的な価値形成」の産物であり、アレクサを車載機器に組み込むことは、クルマを「複層的な価値形成」の中に組み入れることにほかならない。

第三節

究極のクルマの姿

ここまで、世界の産業は「モノからサービスへ」「所有から利用へ」に向かっていることや、その背景にはソフトウエアとネットワークの進化による「複層的な価値形成」があること、これまでハードウエアの価値を追求してきた自動車産業にも「複層的な価値形成」の波が確実に押し寄せてきていることを説明してきた。「クルマの次に来るものは何か」という問いは、こうした文脈に沿って考えていかなければならない。

グーグルが考える「クルマの次に来るもの」

それでは「サービス化」と「複層的な価値形成」が究極まで進んだクルマの姿とは何だろうか。そのヒントになるのが、米グーグルが2014年5月に公開した、独自開発の自動運転実験車両だ。これまでグーグルは、トヨタ自動車の「プリウス」や、「レクサスＲＸ」を改造した自動運転の実験車両を公道実験に使ってきた。今回の実験車両は同社にとって、初めて車体から独自開発した車両である。この実験車両の最大の特徴は、車内にステアリン

図1-4　グーグルが2014年5月に公開した、ステアリングも、アクセルペダルも、ブレーキペダルもない自動運転の実験車両（写真:グーグル）

グも、アクセルペダルも、ブレーキペダルもないことだ。つまりこの車両は、最初から人間が運転することを想定していないのである。独自開発した実験車両の狙いは何か。それは、同社の共同創業者であるセルゲイ・ブリン氏の次の発言からうかがい知ることができる。

「自動運転車によって、世界中の交通が一変し、個人が自動車を所有する必要性、駐車や渋滞などの必要性が軽減されることを私は願っている」

「自動運転車があれば、駐車場の必要はほとんどなくなる。なぜなら、1人が1台の自動車を持つ必要はないからだ。自動運転車はあなたが必要なときにやってきて、目的地まで運んでくれる」
「ハンドルやペダルが不要なのも本当に素晴らしいことだ。同乗者が向き合って座れるように座席を設置することなどもできるかもしれない。従来の自動車設計は自動運転に最適なものではないのかもしれない」
（出典はいずれもhttps://japan.cnet.com/article/35050439/）

つまり、ここでブリン氏が想定している自動運転車は、個人が所有するものではなく、必要なときに呼び出すとやってきて、利用者がステアリングやペダルを操作することなく目的地まで自動的に運んでくれ、目的地に着いたら、また別の利用者のところへ自動的に走り去っていくようなものである。

実はこうしたタイプのサービスはすでに実現している。先ほど紹介したウーバーの配車サービスは、人間が運転していることを除けば、まさにブリン氏のいう自動運転車のようなサービスだからだ。もしウーバーのようなサービスを無人の車両で実現できれば、人件費がいらない分、サービス料金を大幅に引き下げられるはずだ。こうした車両はいわば「無人タクシー」あるいは「ロボットタクシー」といえるだろう。つまりグーグルの想定する無人タクシーは、クルマの「所有から利用へ」、あるいは「モノからサービスへ」を推し進めた一つの究極の姿と考えられる。

▨自動運転がなぜ必然か

こうした「無人タクシー」の実現は、明らかに社会にとってメリットが大きい。その主なものを挙げると以下のようになる。

(1) 交通事故が減る
(2) 交通渋滞が減る
(3) CO2排出量が減る
(4) 少子高齢化社会への対応につながる
(5) 物流コストを半減できる
(6) 駐車場が減る

まず(1)の交通事故については、自動運転の普及によって、現在よりも9割以上事故を減らせる可能性がある。警察庁の発表によれば、日本における交通事故死者の数（事故から24時間以内に死亡した人の数）は、1970年の1万6765人をピークに、2014年には4113人と、1／4以下に減っている。飲酒や最高速度違反といった違反に対する罰則が強化されたことに加え、衝突したときに乗員を保護する車体構造の採用、シートベルトやエアバッグといった安全装備の充実によって、乗車中の死亡は大幅に減りつつある。ところが、2015年には4117人と15年ぶりに増加した。この主因は、死亡者全体の54・6％を占める65歳以上の高齢者の死者数が前年より2・5％増加したことだ。

従来の交通事故対策は、乗員を保護する車体構造の採用や、エアバッグの搭載など事故が起きてからの対策が主だった。しかし、こうした対策だけでは限界に達していることを、このデータは示している。交通事故の原因の9割以上は人間の認知ミス、判断ミス、操作ミスであり、こうした人間のミスをいかに減らすかにメスを入れていかなければ、もはや大幅に死亡者を減らすことは不可能だ。逆にいえば、自動運転技術によって人間の認知ミス、判断ミス、操作ミスを防ぐことができれば、事故の9割を減らせる可能性がある。

（2）の渋滞の解消については、自動運転車が増えることによって、事故渋滞や、高速道路のサグ部（下り坂が上り坂に変わる部分）での速度低下による自然渋滞の発生が大幅に減ると予測される。さらに、自動運転車から収集したリアルタイムの交通状況のデータを利用して、交通流が最適になるように管理センターで自動運転車の運転状況を制御したり、信号の変わるタイミングを最適化したりすることで、渋滞を大幅に緩和できる可能性がある。将来、道路上のクルマの大半が自動運転車になれば、人間では実現できないような短い車間距離での走行や、高速走行なども可能になり、道路の利用効率が大幅に高まるといった予測もある。

クルマの主流は電気自動車へ

(3) のCO_2の削減については、自動運転車の主流が電気自動車 (EV) になると予測されるからだ。現在、なかなかEVの普及が進まないのは、航続距離の短さや、車両価格の高さといった点がネックになっている。しかし、タクシーのような使い方なら、ほとんどの場合、走行距離は短いので、航続距離の短さは問題にならない。一方でEVの電気代は、ガソリンエンジン車の燃料代の1/4、ハイブリッド車の燃料代に比べても半分程度で済み、コスト面でメリットが大きい (2)。これが、無人タクシーの大部分がEVになると考えられる第一の理由だ。

実際問題として最近ではセルフのガソリンスタンドが増えているが、無人の自動運転車が自ら燃料ホースを持って燃料補給するとは考えにくい。恐らく自動運転車の普及に伴って、決まった場所に停車すれば非接触で充電できる設備が整備される必要があるだろう。

(2) 鶴原吉郎、仲森智博、逢坂哲彌「自動運転 ライフスタイルから電気自動車まで、すべてを変える破壊的イノベーション」、日経BP社、2014年

(4) の少子高齢化社会への対応という面でも、自動運転技術が普及することによるメリットは大きい。2014年5月8日に発表された「日本創成会議」の人口減少問題検討分科会の推計は、地方から大都市圏への人口流入や少子化が止まらなければ、2040年には約1800の市区町村のうち896自治体がなくなってしまうという衝撃的な内容で、大きな話題となった。地方の人口減少で、公共交通がどんどん貧弱になる一方、ガソリンスタンド(SS:サービスステーション)の数も減っており、「SS過疎」という言葉も生まれているほどである。クルマしか生活の足がないのに、その足も、どんどん不便になっているということだ。ほかに交通手段がないため、運転が不安でも「足」としてのクルマを手放すことができない高齢者や、クルマを運転できなくなり、移動に支障をきたす「交

通弱者」が地方で増えている。

一方、公共交通が発達しているかに見える首都圏でも「交通弱者」は増加しつつある。駅やバスの停留所から自宅まで長い坂道や階段がある住宅街では、駅まで、あるいはバス停まで行くのに苦労する高齢者が増加しているからだ。こうした問題の解決に、自動運転技術による無人タクシーは大きな役割を果たす可能性がある。

自動運転車は、地方での足として期待されるだけではない。交通事故で亡くなる人に占める65歳以上の高齢者の数は、すでに約半数を占めるようになっており、高齢者の交通事故をいかに防ぐかが大きな課題になっている。事故原因をみると、高齢者が運転する場合はアクセルとブレーキの踏み間違い、ステアリングの操作ミスといった運転操作の間違い（運転操作不適）が16％程度と、高齢者以外の7・5％に比べて2倍以上高い(3)。つまり、高齢者の事故では、認知・判断の誤りが原因の多くを占めていることになる。こうした問題の解決にも、自動運転技術は大きく貢献するはずだ。

（3）「どうしたら防げるの？　高齢者の交通事故」、政府広報、http://www.gov-online.go.jp/useful/article/201306/1.html

▨ 物流コストを半減、人手不足にも対応

（5）の物流コストの低減にも二つの側面がある。先ほど触れた高齢化の裏には、少子化という問題がある。今後日本は労働力不足が深刻化するのは確実だ。すでに、景気の回復傾向や、東日本大震災の復興需要などで、建設現場などでは人手不足が深刻化しているし、製造現場でも人が足りず、賃金や手当の引き上げで対応するケースが増えている。ヤマト運輸が人手不足を背景に、サービスの見直しや料金改定を打ち出したのはまだ記憶に新しい。

物流は、日本経済を維持するうえでなくてはならないものだが、労働環境が厳しいため、その現場でも担い手の確保が難しくなっており、労働コストは上昇傾向にある。厚生労働省の職業別有効求人倍率（パートタイムを含む常用）を見ても、自動車運転の職業は、2012年1・41倍、2013年1・60倍、2014年1月1・93倍と、2014年に入って顕著に上昇している。

経済産業省の資料によれば、トラック輸送のコストに占める人件費の比率は5割程度、また、製造業、小売業、卸売業のいずれにおいても、売上高に占める物流コストの比率は

５％程度に達している。卸売業の売上高に占める営業利益率は１％程度、小売業でも２％程度（平成10年 商工業実態基本調査報告書）に過ぎないので物流コストの負担は大きい。

もし自動運転技術によって無人トラックが実用化できれば、少子化に伴う人手不足の解消につながり、さらには物流コストを半減できる可能性がある。仮に物流コストが半減できれば、計算上は卸売業や小売業の営業利益率を２倍以上に押し上げる効果があり、経営に大きなインパクトを与えるはずだ。

（６）の駐車場に関しても、自動運転技術は大きなメリットをもたらすだろう。所有から利用へという動きが進むにつれて、次第に駐車場の需要は減る。無人タクシーが自動車利用の主流になれば、利用者をある地点からある地点へ運んだクルマは、また次の利用者の待つ地点へと移動するので、基本的に駐車場は必要ない。一方、夜間に利用者の数が少なくなると、交通量全体も減少するので、路肩に一時停止させればよい。そうしたところで交通の妨げにはならないし、ＥＶが主流となれば、路肩は格好の充電場所になるだろう。こうして、ショッピングモールやホテル、デパートなどの商業施設はもちろん、マンションや一戸建て住宅にも駐車場を設けなくて済めば、同じ敷地内にもっと広い店舗、もっと広い住宅を構えることが可能になる。土地の有効利用という点でも、自動運転技術は社会に大きな影響を与えることになる。

▨ 使い勝手も良くなる

ここまでに述べてきたように、自動運転技術は社会に大きなメリットをもたらすと考えられるが、同時に個人にも以下のような多くのメリットをもたらす。

（1）移動がもっと便利になる
（2）移動がもっと低コストになる
（3）移動の選択肢がもっと増える

まず（1）の「もっと便利」ということを考えてみよう。例えば、休日に家族で食事に出かけるシーン。休日の繁華街は、駐車場を見つけるのが難しい。家族をレストランの近くで降ろし、駐車場探しでぐるぐると走り回った経験のある方も多いだろう。無事に駐車できても、駐車料金は高いし、運転手はビールも飲めない。

無人タクシーであれば、目的地の近くで降りればよい。無人タクシーは、また次の利用者のところへ向かうか、近くの待機用の駐車場で別の利用者の呼び出しを待つことになる。

もちろん、ドライバーが自分で運転したければ、そういうタイプのクルマを呼び出せばよい。この場合、自動運転を司るシステムは、人間の運転をサポートする役割を果たすことになる。無人運転車の普及は、人間が運転を放棄することを意味するわけではない。その場合でも、渋滞でいらいらしたり、眠くなったりしたときは自動運転に切り替えることができる。要するに、気が向けば運転したい区間のみ運転すればよいのである。

移動がもっと安くなる

自動運転技術を使った無人タクシーは、自家用車に比べてクルマの利便性を大幅に向上させると同時に、クルマの利用コストを大幅に下げるだろう。

現在でも、クルマを所有しない利用法としてカーシェアリングを使う人が増えている。「高い買い物だけどやはり自分のクルマを持ちたい」という人が減り「使うときだけ借りたほうが断然安く済むからそれで十分」と考える人が増えたのだろう。クルマを利用する際は、ついついガソリン代＝運賃と考えがちで、電車で移動する場合に比べて安上がりに感じることがある。しかし、購入費用、さらには保険代、税金、メンテナンス料、駐車場代などの諸経費が発生することを考えれば、クルマはかなり高額な移動手段である。

諸経費込みで250万円のクルマを購入した場合、1㎞走るのにかかるコストは91円程度である※1。これは年間に1万㎞走ることを想定した数字で、これが年間5000㎞になると、1㎞走行あたりの費用は約170円と2倍近くになる。

※1　諸経費込みで250万円のクルマを購入し、5年後に50万円程度で手放すと考えれば、5年間の使用コストは200万円、1年間の使用コストは40万円になる。年間の走行距離を1万㎞、燃費を10㎞／L、ガソリン価格を1Lあたり150円と仮定すれば、1年間のガソリン代は15万円だ。保険料を年間10万円とし、車検が5年間に1回あるのでその費用を20万円、自動車税が年間に4万円、駐車場代が1カ月1万5000円と仮定した場合の年間の総コストは91万円となる。1年間の走行距離で割れば、1㎞走行あたりのコストは91円となる。

これに対して、無人タクシーの利用料金はどの程度になるのだろうか。一番簡単な試算は、現在のタクシー料金をベースに考えることだ。現在のタクシーのコストのうち、約3／4がドライバーの人件費である。つまり、無人タクシーが実現できれば、料金は現在のタクシーの1／4にできる計算だ。現在の東京のタクシー料金は1052mまで410円、以降237mごとに80円が加算される。10㎞利用した場合の料金は3450円だから、

1km走行あたりの料金は345円だ。これが1／4になれば、86・25円だから、先ほどの試算の91円よりも安くなる。同様の計算で、もしも自家用車で年間5000kmしか走らないような人なら、移動コストは約半分になる。

無料タクシーも登場

移動コストが安くなるどころか、無料になるケースも出てくるだろう。移動料金を広告でまかなうようなビジネスモデルが登場すると考えられるからだ。現在でも、パソコンやスマートフォンの利用者は、電子メールやSNS（ソーシャル・ネットワーキング・サービス）、動画投稿サービス、ニュースサイト、ゲームなど、多様なネット上のサービスの多くを無料で利用できる。これは、こうしたサービスが広告モデルで運営されているからだ。テレビの民間放送が無料で視聴できるのと同じ仕組みである。

現在のインターネット広告は、単純にいえば、ユーザーを広告主のサイトに誘導するというものだ。しかし、無人タクシーは、より強力な広告手段を提供する。例えばレストランなら、来店する顧客に対して「4人以上が3000円以上のコースを注文すればタクシー代無料」といったサービスを提供できる。従来のネット広告は、ユーザーをサイトに誘導するだけだが、無人タクシーは、「利用者を実際に連れてくる」という点で、これまでのインターネット広告よりはるかに強力な広告手段になる。

楽しみ方が多様に

このように無人タクシーサービスは、自家用車よりも便利で低コストの移動サービスの提供を可能にするが、それだけなら現在のクルマの延長線上に過ぎない。自動運転技術による無人タクシーは、もっと本質的に、クルマの楽しみ方を変えていく可能性がある。それは、クルマを利用する自由度を大幅に高めるということだ。

現在、日本の自動車市場では、軽自動車やコンパクト車、ハイブリッド車、それに7～8人乗車が可能なミニバンが主流を占めており、人気があったセダンやスポーツカー、2ドアクーペといった車種は軒並み需要を減らしている。かつては趣味的な要素の強い商品だったクルマが、燃費の良さや取り回し、室内空間の広さなどの実用的な価値を重視して選ばれるようになったためである。

しかし、家族のためにミニバンを選んだ人も、ときにはスポーツカーに乗って運転を楽しみたいと思うことがあるだろう。ふだんはコンパクト車に乗っている人も、キャンプやレジャーを楽しむために、もっと荷物を載せられるミニバンやワゴン車に乗りたいと思う場合もあるかもしれない。しかし通常は、経済的な理由や駐車スペースの制約から、特に大都市圏では、一つの世帯で様々な種類のクルマを複数台所有することは難しい。

これに対して、クルマを所有せず、必要なときだけ使うという利用形態なら、利用者は、用途に応じて適切な車種を呼び出せばいい。高級なレストランに出かけるときにはフォーマルなセダンを、夫婦やカップルでドライブするときには優雅な2ドアのクーペを、単に郊外のショッピングモールに出かけるときには気取らずに軽乗用車を、キャンプに出かけるときには荷物をたくさん積み込めるミニバンを、スキーに行くときには4輪駆動のSUV（スポーツ・ユーティリティ・ビークル）を使う、というような使い分けができるようになるわけだ。1台しかクルマを所有できない場合に比べ、クルマ利用の自由度は大きく広がる。

現在は普及していない形態のクルマも増えるだろう。その可能性の一つが、「超小型EV」と呼ばれるジャンルのクルマだ。現在の軽自動車よりもさらに小さい車体に1〜2人用の座席を備えた車両で、少人数が移動する場合にはエネルギー消費が少なく、車両の専有スペースも小さくて済むのが特徴だ。

車両の構造が簡単なので、既存の完成車メーカーだけでなく多くのベンチャー企業がこの分野に参入している。しかし、限られた地域での社会実験などには使われているものの、普及への道筋はまだ見えていない。航続距離が30〜50㎞と短いうえ、最高速度が時速30〜50㎞程度しか出ないこと、1〜2人しか乗れないため用途が限定されること、電池コストがかかるため、軽自動車よりも低い価格に抑えるのが難しいことなどが普及のネックになっている。

しかし、超小型ＥＶにも無人運転技術を適用して無人タクシーとして使えるようにすれば、状況は大きく変わる。超小型ＥＶは、通常のＥＶより車両価格も電気代もかなり低くできるので、利用料金をかなり安価に設定できる。乗車人数が2人以下で移動距離もそう長くない場合には、便利で魅力的な移動手段になるはずだ。

このほか、結婚式専用の飾り付けをしたクルマ、移動しながら仕事ができる走るオフィスのようなクルマ、夜の間に寝ながら移動できるクルマ、観光地向けの窓の大きなクルマなど、現在はないような、様々な種類のクルマが登場するだろう。

第四節

クルマは減るのか増えるのか

こうした無人タクシーの実現には、クルマのCPS化、あるいはクルマの複層的な価値形成が不可欠だ。というのも無人タクシーというサービスを実現するためには、通信回線や、自動運転のためのソフトウエア、ソフトウエアが動作する基盤となるOS、情報を処理するためのサーバーといった様々な「レイヤー」が必要になるからだ。

クルマがCPSに

そもそも無人タクシーを「呼び出す」ためには、クルマが通信回線につながっていることが必要だが、通信回線が必要な理由はそれだけではない。自動運転車は、その時点で最も早く目的地に着くルート、あるいは料金が安く済むルート（高速道路を使わないなど）を選ぶ。そのためには、どの道が渋滞しているか、どの道が工事で通行止めになっているか、あるいは新しい道路が開通していないか、といった最新の交通情報を入手することが不可欠になる。当然、こういった情報を処理する巨大なサーバーが必要になる。

また、詳しくは第四章で解説するが、自動運転車が走行するためには従来の道路地図のような2次元の地図（2D地図）では不十分で、道路の車線や歩道、ガードレール、街灯、あるいは周囲の建物の形状まで含めた道路周辺の3次元形状をデジタルデータ化した3次元地図（3Dデジタル地図）が必要である。この地図のデータ量は非常に大きく、しかも絶えず最新の内容に更新していなければならない。

このため、3Dデジタル地図をあらかじめ車両に内蔵しておくのではなく、走行ルートが決まってから、そのルートの地図をダウンロードするのが現実的だ。このためにも通信回線や、リアルタイムに最新の地図を作成するサーバー、地図更新のためのインフラが必要である。さらに、自動運転車を走らせるソフトウエアも、人間が作るものである以上、完璧はありえず、継続的なバグ修正や高機能化のためのアップデートが必要だ。このためにも通信回線につながれていることが必須になる。

こうした通信や情報インフラが必要になるのは、自動運転のためだけではない。車内での、クルマとユーザーのコミュニケーションは、ディスプレイを使った映像だけでなく、先ほど紹介したアレクサのような音声認識技術を活用した手法も多用されるだろう。

先ほど触れた車内の広告サービスに加えて、車内で楽しむための映像や音楽、ゲームなど、多様なエンタテインメントサービスも提供されるようになる。そのためには、ソフトウエア、ネットワーク、サーバーなどが必要になる。つまり、自動運転車はクルマがCPS化することによって、クルマというハードウエアだけでは不可能なサービスを実現できるようになった形態だと考えることができる。

クルマの私有はなくなるのか

このような無人タクシーが普及した場合、現在の自動車産業にはどのような影響があるのだろうか。多くの人が、クルマを所有せず、使いたいときだけ呼び出して使うようになったら、まず考えられる影響は、クルマの生産台数が減るということだろう。では、減るとすればどの程度減るのか。完成車メーカーや部品メーカーには気になるところだ。

米ボストン・コンサルティング・グループ（BCG）は、四つの自動運転車の普及シナリオで、自動車の所有形態がどのように変化するかを予測している。この四つのシナリオは大きく二つに分類でき、前者は自動車の個人所有が主流であり続けるという想定、後者は自動車の多くが法人所有となり、個人所有が大幅に減るという想定である。

四つのシナリオのうち、衝撃的なのは、個人所有が大幅に減ると想定したシナリオ3とシナリオ4である。シナリオ4では、車両の総数（保有台数）が46％、シナリオ4では59％も減ると試算している。一方で、個人所有が維持されることを想定したシナリオ1は車両総数の減少は1％、シナリオ2でも8％の減少にとどまる。つまり、クルマの私有が維持されるかどうかで、保有台数は大きく左右されることを今回の試算は示している。

世界10カ国で調査を実施

今回の試算は、BCGが世界経済フォーラム（WEF）と共同で実施した調査レポート（4）の中に掲載されているものだ。世界の10カ国・5500人以上を対象に実施した消費者調査や、世界12都市の25人の政策担当者へのインタビューを元にまとめた。

（4）「Self-Driving Vehicles, Robo-Taxis, and the Urban Mobility Revolution」, https://www.bcgperspectives.com/content/articles/automotive-public-sector-self-driving-vehicles-robo-taxis-urban-mobility-revolution/, 2016年6月

今回の試算は、約500万人の在住者がおり、個人所有の車両およびタクシーが合計134万台保有されているモデル都市で、完全自動運転のEVを導入するという想定である。四つのシナリオは以下のようなものだ。

（1）プレミアムカー中心に自動運転車が普及：クルマの所有の中心が個人所有であり続けるシナリオ。完全自動運転機能は、高級車種を中心に普及する。自動車の保有台数の減少は1％と小幅にとどまる。交通事故件数は19％減少。電気自動車のシェアが増え、排ガスは9％減少すると推計している。

（2）自動運転車が広く普及：クルマの所有の中心は個人所有であり続けるが、クルマのほとんどが完全自動運転車に置き換わるシナリオ。自動車の保有台数は8％、交通事故件数は55％、排ガスは23％減少し、駐車スペースの5％が不要になると推計している。

（3）ロボタクシーへの移行：クルマの中心が「モビリティサービスの提供者が所有するロボタクシー」（本書でいう無人タクシー）となり、ロボタクシーが都市の主な交通手段の一つとなるシナリオ。自動車の保有台数が46％、交通事故件数は86％、排ガスは81％減少し、駐車スペースの39％が不要になると推計している。

（4）ライドシェア革命：シナリオ3と同様にクルマの中心が「モビリティサービスの提供者が所有するロボタクシー」となるが、さらにライドシェアが進むと仮定し、ロボタクシーの平均乗車人数が2人になると想定したシナリオ（シナリオ3では現状のタクシーの平均乗車人数と同様の1.2人と想定）。自動車の車両数は59％、交通事故件数は87％、排ガスは85％

減少、駐車スペースの54％が不要になると推計している。

先に説明したように、シナリオ1と2は基本的に個人所有が維持されることを想定しており、この場合クルマの保有台数は大きくは減らない。しかし、クルマの所有の中心がモビリティサービスの提供者に移る想定のシナリオ3と4では、クルマの保有台数は半減、あるいはそれ以上に減るという予測になっている。BCG自身は、現実にはシナリオ2とシナリオ3の間に落ち着くのではないかと見ているようだ。

他社の試算と比べてみると…

こういった、自動運転車の普及に伴う車両保有の減少がどの程度になるかは、他のコンサルティング会社でも試算している。

例えば独ローランド・ベルガーは米国市場を対象にした予測を公表している。この予測はBCGと異なり、都市だけでなく米国全土を対象としているので、そもそも前提が異なるのだが、完全自動運転車の普及によって、クルマの保有台数は約2億5000万台から約2億台へと、約2割減ると予測している。

図1-5で示している「Auto4.0」というのは「オートモーティブ4.0」のことで、完全自動運転技術による無人のモビリティサービス（本書でいう無人タクシー）が普及した状態を、ローランド・ベルガーはこう呼んでいる（Auto3.0が現状である）。Auto4.0における2億台の保有のうち、1500万台ほどがモビリティサービス向けの車両になるという推定である。つまり、個人所有の一部がモビリティサービスに置き換わるという予測で、保有台数が2割減るという予測も、先ほどのBCGのシナリオ2（8％減）とシナリオ3（46％減）の中間的な値となっており、結果としてBCGもローランド・ベルガーも、かなり近い予測をしているということになる。

ただ、ローランド・ベルガーの試算で面白いのは、保有台数は減るものの、販売台数はむしろ増えると見ていることだ。これは、モビリティサービス向けの車両は、自家用車に比べるとかなり稼働率が高いため、買い替えのサイクルも早くなると見ているからだ。加えて、自動運転車を使ったモビリティサービスはドア・ツー・ドアの移動が可能で利便性が高いことから、公共交通からの利用が3200万人規模でシフトしてくると見ており、移動手段として自動車の利用が増えると見ていることも影響している。

いずれにせよ、将来のクルマの販売台数は、一つは個人所有をどの程度維持できるのか、

図1-5　ローランド・ベルガーが試算した自動運転が自動車市場に与える影響
（出典：資源エネルギー庁資源・燃料部、石油精製・流通研究会配布資料「自動車産業から見た燃料の将来像」）

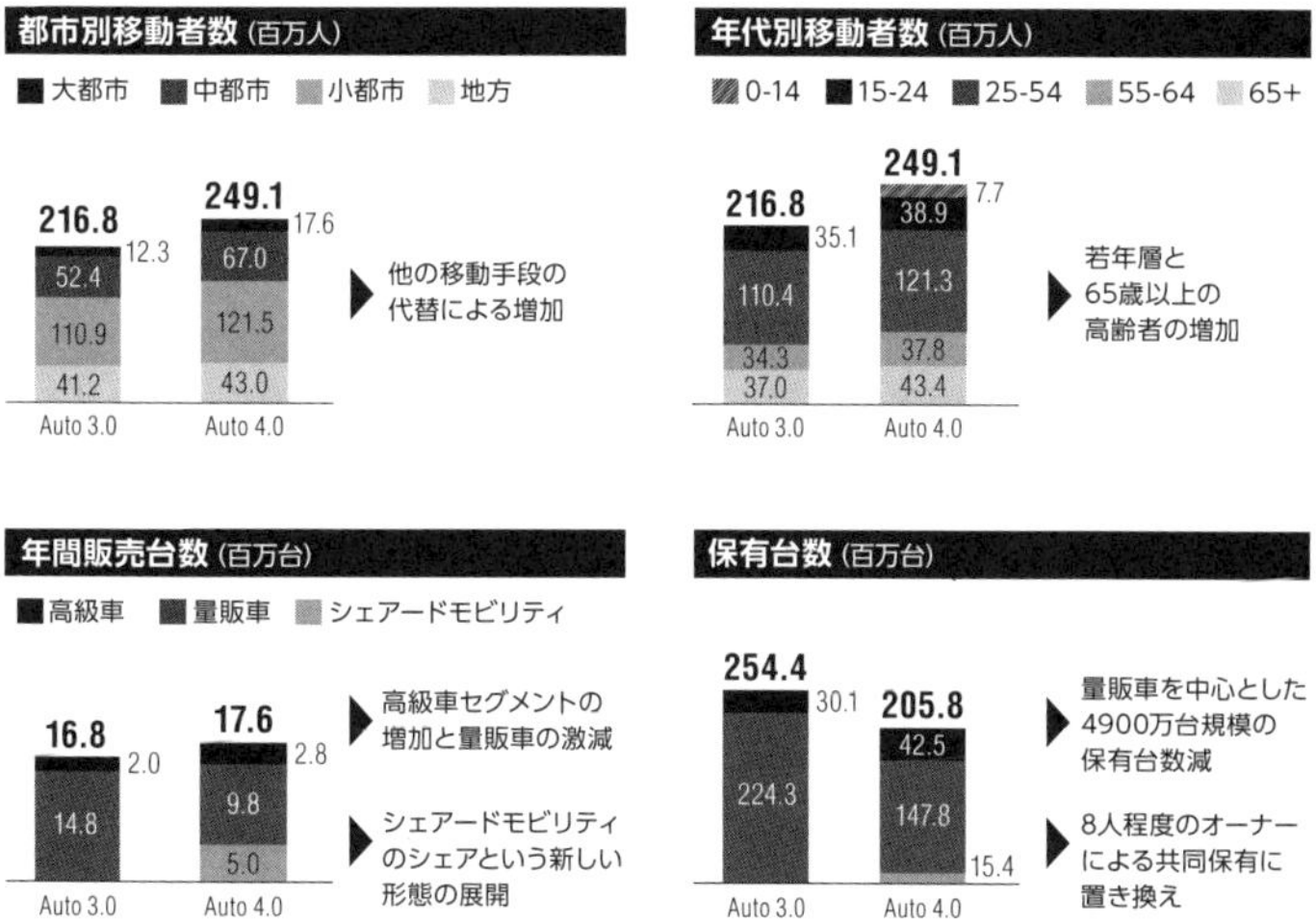

もう一つは自動車による移動がどの程度増加するか、この二つのファクターに大きく左右されるといえる。個人所有したくなるようなクルマを、完成車メーカーがどれだけ消費者に提案できるか、そして他の交通手段から乗り換えたくなるようなモビリティサービスをいかに提供できるかが、自動車産業の将来を決めると言ってもいいだろう。

このように、「無人タクシー」の普及は、自動車産業のビジネスモデルを大きく変えていくだけでなく、その行く末によって、産業の規模そのものも大きく影響を受ける。

第二章

自動運転で自動車産業と周辺産業はどう変わるか

これまで自動車産業の中心は、完成車メーカーと部品メーカーだった。しかし、自動運転や無人タクシーが普及していけば、ソフトウエアやそれを動かすOS、3Dデジタル地図など膨大なインフラが必要となり、完成車メーカーの役割がごく一部になってしまう可能性もある。自動運転や無人タクシー普及の影響は自動車産業のみならず、電機・電子産業や素材産業、物流業界やタクシー業界、損害保険業界など周辺の業界にも多大な影響を与えるだろう。自動車産業に新たな市場を発見して参入してくる業界もある。どんな業務が消え、どんな新市場が広がる可能性があるのか。

第一節

自動運転時代の競争条件

第一章で見たように、自動運転車の登場は、自動車産業のあり方を根底から変える。自動運転の無人タクシーは、クルマを「所有するもの」から「必要なときに呼び出して使うもの」に変えていく。その過程で、クルマは単なる移動のためのハードウエアから、ハードウエア、ソフトウエア、ネットワーク、サービスが一体となった、いわば「次世代の交通インフラ」というべき存在に変貌する。見た目は、いまのクルマに似ているかもしれないが、その本質は、まったく異なるものになると言っていい。

当然、自動車産業という言葉の意味もまったく変わってくる。インターネットの時代には、クルマというハードウエアのメーカーだけでなく、そのうえで動くソフトウエアやネットワーク、サービスを手がける企業の価値も現在では考えられないほど巨大なものになるだろう。それは、アマゾンやフェイスブックといったＩＴ企業がスマートフォンという基盤のうえで急速に拡大したことからも類推できる。

今後、自動運転車向けに誕生すると考えられる新サービスの中で、大きな可能性があるのは、第一章でも触れた自動運転車向けの広告ビジネスだ。レストランやデパートなどが、無人タクシーの利用者向けに広告を出し、来店してくれればそこまでのタクシー料金を無料にするなどのサービスが展開されるだろう。無人タクシーは、「リアルな店舗に顧客を連れてくる動く広告端末」になる。

グーグル、ウーバー、アップル、アマゾン、マイクロソフトといったＩＴ業界の巨大企業が、いま雪崩を打って自動車業界に進出しつつあるのも、まさに自動車産業のビジネスモデルが大きく変わるのを見据えてのことだ。

いずれにせよ、自動車というハードウエアを製造し、個人向けに販売するというビジネスモデルは過去のものとなる。そのとき、既存の自動車メーカーは、ネットワークの運用から車両の製造まで総合的に手がける企業に変貌するのか、車両の製造に特化するのかなど、将来の自動車産業のどの部分を手がけるのか、その姿を明確にする必要に迫られるだろう。

自動車部品産業も変化

自動車部品産業も大きな変化を迫られる。その変化のポイントは三つある。一つは、品質の重要性が増すこと。二つ目は、動力を車輪などに伝えるクラッチをはじめとしたパワートレーンの電動化が自動運転の普及により加速すると考えられること。そして三つ目は、クルマがいまよりもずっと多様化すると考えられることだ。

一つ目の、品質の重要性がさらに増すことについては、今更と感じる読者もいるかもしれない。もちろんこれまでも日本の自動車部品メーカーは品質向上に努めてきたが、それと同時に、あるいはそれ以上に低コスト化にも大きな力を注いできた。

もちろんコスト低減は今後も重要な要素だが、クルマが無人タクシーや広告端末などに変わるということは、「消費財」から「生産財」としての色彩が強まることを意味する。この場合に重視されるのは、故障しないで稼働し続けることであり、品質や信頼性の優先度は従来よりも高くなる。生産財の場合、稼働率が利益に直結するからだ。無人タクシーの年間の走行距離が現在の有人タクシー並みになれば、現在の自家用車の5~10倍になる。こうした点からも、部品には現在以上に高い信頼性・耐久性が要求されるだろう。

二つ目の変化は、車両の多くがＥＶになると見られることである。現在の日本の電力料金をベースに考えると、同じ走行距離で、ＥＶの電力コストはガソリンエンジン車の燃料代に比べて約1／4、ハイブリッド車と比べても半分程度で済む。走行距離が自家用車よりも長い無人タクシーは、ランニングコストの低減が運用コストを下げるうえで非常に重要になる。このため、ガソリン車よりも大幅にランニングコストが低減でき、利用料金を低く抑えられるＥＶは、今後乗用車の主流になる可能性がある。

もう一つの大きな変化は、クルマが生産財に変わると、これまで以上に少量多品種生産への対応が求められることだ。第一章で触れたように、無人タクシーの運用会社は、利用者の多様なニーズにこたえるためには、様々な仕様の車両を用意する必要に迫られる。部品メーカーにも、こうしたニーズにこたえることが求められるようになるだろう。

企業が工場に生産設備を導入する場合でも、設備メーカーのカタログ通りの設備を導入することはまれで、自社の事情に合わせてカスタマイズするのが普通だ。これと同様に、生産財としてのクルマにも、高い自由度でカスタマイズできる構造を備えていることが要求される。従来、大量生産によってコストを引き下げていた部品メーカーにとっては、少量多品種でも低コストで生産できるように、企業体質を変革することが求められる。

周辺産業も社会も姿を変える

自動車産業がこれだけ大きく変貌すれば、周辺産業もその姿を大きく変えざるをえない。

完全自動運転の時代になり、交通事故が激減すれば、現状の自動車保険は大幅に市場規模を縮小することになるだろう。人間が運転するタクシーは、機械にできないサービスを提供できないと居所を失うだろう。トラックやバスの運転も多くは自動化される。

逆に、新たに生まれる産業もあるはずだ。「運転」という仕事から人間が解放されれば、移動時間を有効に使うことができるようになる。クルマのウインドーを利用した大画面表示の映画や音楽の動画、別の場所に移動したかのような気分が味わえるＡＲ（拡張現実）エンタテインメントなどが考えられる。ＳＮＳも、移動中の映像をリアルタイムで友人に伝えるなど、車内での利用を前提とした新しい機能を追加したり、あるいは自動車で利用する専用のＳＮＳも登場するかもしれない。

街も次第にその姿を変えていくだろう。クルマを所有する人が減れば、先に触れたように駐車場の必要性も減少する。自宅に駐車場を設ける人が減り、同じ土地の面積でも、より広い住宅が建てられるようになるかもしれない。ショッピングモールなどでも広大な駐車場は次第に必要なくなる。

無人タクシーが有効なのは、都市部だけではない。日本は本格的な超高齢社会を迎え、地方の過疎化が加速していく。こういった場所では、自家用車が地域の足となっているが、高齢になって運転に不安を覚える人も増えている。無人タクシーは貴重な足となるだろう。

自動運転化はまず先進国から

このように自動車は完全自動運転の技術によって、高齢者も子供にも、免許を持っている人も持っていない人にも、健常者も障がいがある人にも、ドア・ツー・ドアの移動の自由を低コストで提供する、新しい交通インフラへと変貌する。

ただし、こうした変化は当面先進国に限られるだろう。完全自動運転の実現には、ブロードバンドの無線ネットワークが不可欠と考えられるからだ。例えば、今後、大きな成長が見込まれるのは中国やインドだが、都市部はともかく、広い国土のすべてにくまなくブロードバンドのネットワークを張り巡らすのは投資対効率が低いので、当面実現しないと考えられるからだ。

とはいえ、こうした新興国でも交通事故や渋滞、大気汚染の問題は深刻であり、完全自動運転のニーズは高い。それに対して日本はいち早く完全自動運転の技術を実現し、運用システムとセットで戦略的な「インフラ輸出」の商材に仕立てることができるだろう。

第二節

業態転換が求められる既存産業1 ～自動車産業～

第一章で見てきたように、音楽・映像をはじめ、多くの分野で「所有から利用へ」「モノからサービスへ」といった変化が進行中だ。自動車の分野で、このトレンドを一気に加速させるのが自動運転だろう。そして当然のごとく、この環境変化は自動車メーカーや関連企業にも変化を強いることになる。

「自動車産業」の定義が変わる

これまでこの産業分野における主役は完成車メーカーであり、それを支えるのは自動車部品など「ハードウエア」を製造する企業だった。しかし、自動運転車、無人タクシーが普及する時代には、ハードウエアはサービスを構成する一要素に過ぎなくなる。

無人タクシーを含む近未来の自動運転車は、車両が単独で存在しているわけではなく、自動運転車を動かすソフトウエア、ソフトウエアが動作する自動運転ＯＳ、３Ｄデジタル地図データや最新の交通情報を配信するネットワーク、車両に提供される様々な情報サービスやネットワークサービス、そして広告サービスなどによって構成される巨大なモビリティ・インフラとでも呼ぶべきものになる。自動車というハードウエアは、その巨大なインフラ・システムの単なる1パーツになるということだ。

「競争力」の定義が変わる

2016年に世界で販売された自動車約9400万台のうち、日本国内で販売された数は約497万台と、全体の5・3％に過ぎない。しかし、日本のメーカーが世界で生産するクルマに、日本メーカーと海外メーカーの合弁会社が生産するクルマを加えると、日本は世界の自動車生産の約1／3を占める世界最大の自動車大国だ。日本のメーカーがこのように世界トップの地位に上り詰めることができたのは、故障しにくい、経年劣化しにくいといった品質耐久性や、良好な燃費、使い勝手の良さなど、ハードウエアの魅力に加え、優れたサービス体制という競争力があったことが大きい。

しかし、自動運転が一般化し、クルマの多くが「所有するもの」から「呼び出して使うもの」になる時代には、クルマの「競争力」の定義も一変する。すでに第一章で説明したように世界のビジネスの潮流は「複層的な価値形成」に向かっている。ハードウエアの価値がなくなるわけではもちろんないが、ハードウエアの価値さえ高ければそれで競争を勝ち抜けるという時代は終わりを告げる。繰り返し述べているように、価値形成が複層化する時代には、すべてのレイヤーの総体としての「顧客体験」が勝敗を決する。

例えば、A社の自動運転車はどうもステアリング操作が急でクルマ酔いしやすい、というように自動運転ソフトウエアそのものの出来も競争力に影響するだろう。また、B社の自動運転車は幹線道路までしか来てくれないが、C社の自動運転車は自宅の前まで来てくれる、というようなサービスエリアの競争もあるだろう。

あるいはD社の自動運転車だけが車内で「スター・ウォーズ」の最新作が楽しめる、E社の自動運転車だけが車内で「エグザイル」のライブ映像を独占提供している、といった理由でどの企業の自動運転車を呼ぶか、決まる時代が来るかもしれない。

完成車メーカーも「ライドシェア」へ

こうした「モノからサービスへ」「所有から利用へ」という社会の流れについて完成車メーカーの社員と話しているとき、よく出る二つの質問がある。一つは「クルマの台数は減るのか？」ということであり、もう一つが「クルマのハードウエアとしての価値はゼロになって、コモディティになってしまうのか」ということである。

こういう質問を受けたとき、筆者はいつも「台数が減ったほうがいいんですか？」「コモディティ化したほうがいいんですか？」と聞き返すことにしている。質問に逆質問で答えるのはひきょうなやり方かもしれないが、どうもサービス化によって「台数は減るもの」「コモディティ化するもの」「自動車メーカーの未来はない」という固定化したイメージがあり、そこで思考停止に陥っているような気がしてならない。そうならないための方策はあるはずだし、世界の完成車メーカーは、いま必死でそれを考えているところだ。

第一章の最後で、クルマの所有の中心が私有であり続けるのか、それともモビリティサービスの提供者が中心になるのかによって、今後のクルマの保有台数が大きく左右されることに触れた。つまり、今後クルマの保有台数、ひいては販売台数を維持できるかどうかは、クルマの所有形態の主流を、現在のように私有のまま維持できるかどうかにかかっている。「私有を維持する」ということと「クルマのサービス化」はいかにすれば両立するのか。世界の完成車メーカーはまさに今、この難しいパズルに挑んでいる。その表れのひとつが、完成車メーカーが自らライドシェア分野への参入を始めたことだ。

米ＧＭは、２０１６年1月、米国のライドシェア大手のリフトに出資した。同年5月にはドイツ・フォルクスワーゲンもイスラエルの同業のゲットに、トヨタ自動車もウーバーに出資すると発表した。自動車事業への参入が取りざたされるアップルも、中国の滴滴出行に10億ドルを出資すると発表している。

一方で、同じＩＴ企業でも、グーグルと提携する完成車メーカーは、ＦＣＡ（フィアット・クライスラー・オートモビル）やホンダが自動運転の実験車両の共同開発で合意した程度で、将来につながる自動車ビジネスで本格的に提携した例はまだない。これは、同じＩＴ系企業であっても、二つの意味でグーグルとウーバー（およびライドシェア各社）が異なっているためと考えられる。

ライドシェアは敵ではない

先に「複層的な価値形成」のところで説明したように、ＩＴ企業各社は、価値を構成する様々なレイヤーに手を広げつつ、自らの収益基盤であるレイヤーが有利になるようにビジネスモデル全体を設計している。グーグルの収益基盤はいまだに検索連動広告であり、このレイヤーの価値を最大化しようとすれば、ＯＳやソフトウエア、ハードウエアをタダで配って、グーグルのサービス利用者を最大化することが理想ということになる。グーグルが、スマートフォン用のOSであるアンドロイドを無償でスマートフォンメーカーに提供しているのはこの狙いに沿った動きだといえるだろう。

だとすれば、グーグルはクルマというハードウエアも無料で提供し、できるだけ多くのユーザーに、グーグルが提供するサービスを利用してもらうことを究極的には目指すことになる。しかし、この理想は、完成車メーカーにとっては悪夢以外の何物でもない。

完成車メーカーの多くは、将来にわたってユーザーがクルマを個人所有する世界を維持し、クルマというハードウエアの価値も維持していきたいと考えている。この考え方はグーグルとは相容れない。ではライドシェア企業との関係はどうか。少し前まで、完成車メーカーとライドシェア会社の利益は相反しているという見方が主流だった。ライドシェアが普及すれば、クルマの販売は減少すると考えられてきたからだ。

「個人所有」と「ライドシェア」を両立

しかし、現在のライドシェアは所有しているクルマを有効活用するというコンセプトで運用されており、個人所有のクルマをなくすというグーグルの方向とは真逆である。

しかも、新興国では、ライドシェアサービスの普及によって、これまでクルマを持てなかった層がクルマを所有できるようになったという事例も出てきた。これは、所得の低いユーザーがライドシェアによる収入で、車のリース代金を回収することを前提に、ライドシェア会社がクルマの購入希望者にリースするというビジネスモデルを始めたためだ。つまり、ライドシェアサービスがむしろクルマの販売を後押しする可能性が出てきたのである。

これと同様の事例は、空き部屋のシェアリングサービスですでに起きている。空き部屋シェアリングサービス大手の米エアビーアンドビーはもともと、使っていない部屋や、バカンスなどで一定期間空いた部屋を、宿泊場所を求めている第三者に仲介するというコンセプトで始まったウェブサービスだ。しかし現在では、エアビーアンドビーで貸し出すことを前提に不動産を購入するという動きが活発になっている。エアビーアンドビーというプラットフォームができたことで、新たな不動産の需要が生み出されたわけだ。

同様に、例えば将来は、無人タクシーに貸し出すことを前提に、個人が何台も自動運転車を購入する、などということが起こるかもしれない。あるいは、個人で使うには割高でも、シェアを前提に、高級車を購入する消費者が出てくるだろう。このように、ビジネスモデルの組み立て方によっては、ライドシェア会社と完成車メーカーの利害が一致する可能性が出てきたことが、両者の提携を活発化させているといえる。

もちろん、こういう戦略がすべての消費者に通用するわけではない。若者のクルマ離れは、日本だけでなく、欧州や米国でも程度の差こそあれ、共通の課題である。逆に欧州の高級車メーカーは、これまでターゲットではなかった若者ユーザーを、こうしたシェアリングサービスを活用することで取り込もうとしている。いずれにせよ、クルマがサービス化するとしても、クルマの販売台数や所有を大幅に減らさないための工夫の仕方は、まだまだあるということだ。

クルマはコモディティにならない

次に、クルマのコモディティ化ということについて考えてみよう。確かに、グーグル的価値観に立てば、クルマというハードウエアの価値は限りなくゼロに近づいたほうが、利用料金を低く設定でき、利用者を拡大する上では望ましいということになる。しかしこの点についても、クルマという商品をコモディティ化しない方策はあると筆者は考えている。それどころか、自動運転や無人運転が普及すると、ハードウエアとしてのクルマの乗り心地やデザインの魅力、品質に対する要求が、現在よりむしろ厳しくなる可能性がある。

消費者のクルマ選びが厳しくなる理由としてまず挙げられるのは、消費者がクルマを乗り比べる機会が増えることである。一般の消費者は、自分が所有するクルマやタクシー以外の車種に乗る機会はそれほど多くない。クルマを購入する際にも、それほど多くの車種を比較試乗するわけではない。つまり、クルマを購入するときも、購入した後も、自分の購入したクルマが他のクルマに対して優れているのかどうかを比べる機会は、ほとんどないと言っていい。またタクシーについても、現状ではタクシーに多く使われる車種は限定されているため、やはり多くの車種を比較する機会にはならない。

ところが、自動運転技術の普及で無人タクシーの利用が増えると、一般の消費者でも、様々なメーカーの様々な車種に乗る機会が増える。つまり、自動車評論家ではない、一般の消費者でも、様々な車種の乗り心地や静かさ、使い勝手を比べる機会が出てくるということだ。一般の消費者の、クルマを見る目はますます肥えてくるだろう。そうであれば、クルマはコモディティ化するどころか、消費者が車両をチェックする目がますます厳しくなるのに対応して、メーカー間の競争は増すことになる。

多様化がさらに加速

クルマがコモディティ化しないと考える二つ目の理由は、クルマが現在よりも多様化し、目的に応じてカスタマイズ化が進むと考えられることだ。

現在のタクシーやカーシェアリングと異なり、無人タクシーでは、スマートフォンなどの情報端末で呼び出す、オンデマンドの使い方が主流になる。すべての場合に希望通りの車種を呼び出せるとは限らないが、事前予約や配車の多い繁華街など、状況によってはクルマの選択肢は広いはずだ。

無人タクシーの運用会社にとっても、また自分の所有するクルマを無人タクシーに貸し出すユーザーにとっても、ユーザーに自分のクルマを選んでもらえるかどうかは死活問題である。ユーザーが利用したくなるようなニーズを汲み取り、それを実際のサービスに反映しようとするのは自然なことだ。この結果として、第一章で触れたように、車両メーカーはこれまで以上に多様な車種を用意しなければならなくなる。これが、第一章でも触れた、車種が多様化する理由である。そうなれば、2ドアクーペや、オープンカーといった、現在は利用頻度が少ないためにメーカーがカタログから落としているような車種が復活するだけでなく、現在は存在しないような車種も増えるだろう。

クルマの主流はEVに

サービス化と並ぶ大きな変化は、クルマの電動化が進むことである。その理由は、第一章で指摘したようにコストが安いことだ。無人タクシーではクルマの主流がEVになるだろう。すでに、無人タクシーの時代を待たずに、2020年以降に急速にEVが増加する兆候が世界の主要地域で見え始めている。

まず挙げられるのが中国での急速なEVの増加だ。世界最大の自動車市場となった中国ではEV、プラグインハイブリッド車（PHEV）、燃料電池車（FCV）を新エネルギー車と定義し、税制や補助金など様々な優遇措置を取っている。このため、2015年に販売が急増し、新エネルギー車の販売台数が約34万台に、2016年には50万7000台となった（日本電動化研究所調べ）。EV、PHEVの合計は、日本の2万2000台（同）はもちろん、米国の15万9000台（同）、欧州の22万2000台（同）も大幅に上回り、中国が圧倒的な世界最大の市場となっている。

中国の中央政府は、新エネルギー車に対する税制優遇や補助金の支給を2020年まで継続する方針を決定しており、2020年に新エネルギー車の生産・販売台数は

180万台（同）にまで伸びると予測されている。

中国の勢いには及ばないものの、米国、欧州でも今後PHEV、EVが急増する兆しが見えている。米国では、テスラ・モーターズ（現テスラ）が2016年4月に発表し、2017年に生産を開始する予定の「モデル3」に、発表3週間で40万台近い先行受注が集まった。人気の秘密は、上級モデルの「モデルS」の半額以下、3万5000ドルというベース価格だ。

テスラは、モデル3の年間生産台数として50万台を目指しているが、米国のEVの年間販売台数が16万台程度であることを思えば、非常に野心的な数字といえる。しかし、今回の初期受注の勢いは、そうした野心的な目標も実現可能に思わせるものだ。

EV専用のプラットフォームを開発

そして欧州では、2020年以降の燃費規制の強化に加え、EVの追い風となる事件が起きた。それは、2015年9月に発覚したフォルクスワーゲン（VW）のディーゼル不正事件である。この事件によって、VWは環境技術の重点を、それまでのディーゼルエンジンから電動化技術に移すことを表明した。それが具体的な形を帯びたのは2016年9月に開幕したパリ・モーターショーでの発表だ。

VWは同ショーでEVのコンセプトカー「I.D.」を公開した。その特徴は、EV専用に開発した新型プラットフォーム「MEB」を採用したことにある。

同社は、このコンセプトカーをベースとした量産型I.D.を2020年に商品化する計画だ。同社はI.D.をゴルフ、ポロ、ティグアン、パサートといった主力車種に匹敵する量産モデルとして展開することを目指としている。モーターの出力は125kWと、ほぼゴルフの量産モデルに匹敵し、航続距離はガソリン車と変わらぬ600km以上だという。さらに、価格面でも同出力のゴルフ並みを目指すというのだから、野心的な目標としか言いようがない。

一方、ダイムラーも同じパリ・モーターショーでEVのコンセプトカー「ジェネレーションEQ」を発表した。やはり新規に開発したEV専用のプラットフォームをベースとしており、前輪と後輪をそれぞれ独立したモーターで駆動する4輪駆動車となっている。

ダイムラーは今後、EQという名称をEVのブランド名として展開し、2025年までに10車種のEVを市場に投入する計画だ。第1弾は2019年の発売を予定し、VWと同様、同じクラスのエンジン車並みの価格にするという。同社は2025年までに世界

図2-1　ドイツ・フォルクスワーゲンが2016年のパリ・モーターショーに出展したEVのコンセプトカー「I.D.」

同社が2020年に商品化を予定する新型EVをイメージしたモデル。自動運転機能も備えることを想定する（写真：筆者撮影）

販売台数のＥＶ比率を15〜25％まで引き上げることを目指している。

こうした電動化の流れは、完全自動運転が実現するとみられる２０３０年（詳細は第四章を参照）以降に、さらに加速しそうだ。フランスや英国が２０４０年までにガソリン車やディーゼル車の販売を禁止すると発表するなど、先進国ではＥＶの比率が大きく高まると考えられるほか、新興国でも都市部ではＥＶの導入が進むだろう。Bloomberg New Energy Financeは２０４０年に、世界の新車販売台数の54％をＥＶが占めるようになると予測している（1）。

（1）https://about.bnef.com/electric-vehicle-outlook/

どの道を選ぶかが問われる

このように大きな変化が見込まれる中で、完成車メーカーはどう変わっていくのだろうか。現在の自動車産業で進んでいるのは「総合メーカー」と「専門メーカー」への二極化である。

世界の自動車メーカーのグローバル販売台数ランキングを見ると、2016年の1位はフォルクスワーゲングループ、2位がトヨタグループ、3位がGMグループ、4位がルノー・日産グループであり、この4グループはグローバル販売台数が約1000万台の「1000万台クラブ」を形成する。

特に日産グループは、燃費不正で経営危機に陥った三菱自動車を傘下に加え、同社のグローバル販売台数約93万4000台を加えることで、一気にGMのグローバル販売台数に肉薄した。GMは傘下のドイツ・オペルをフランスPSAプジョー・シトロエングループに売却することを決めているので、2017年にはルノー・日産が3位に浮上するのは確実だろう。ちなみに、5位以下は、5位が韓国現代自動車、6位がフォード、7位がホンダ、8位がフィアット・クライスラー・オートモビル（FCA）、9位がPSA、10位がスズキという順位になる。

これらの自動車グループの中で、自動運転車のハードウエアだけでなく、自動運転ソフトウエアや、ネットワーク、サービスまでカバーできる実力を備えているのは1000万台クラブの4グループだけだろう。これらの巨大グループですら、第三章で詳しく説明するように、自前主義にこだわらず、様々な分野で他社と連携しながら、厳しい競争を勝ち抜いていこうとしている。小規模な完成車メーカーの中には、自動運転ソフトウエアすら自社で開発するつもりがなく、他社で開発したソフトウエアを自社用にアレンジして使えばいいと割り切っているところもある。

「複層的な価値形成」が進んでいるスマートフォンの世界でも、ハードウエアからOS、アプリ、ネットワーク、広告などすべてのレイヤーを1社で手がけている企業はない。韓国サムスン電子のように、ハードウエアの製造に徹しているところもある。したがって、完成車メーカー各社にとって必要なのは、自動運転車の普及が本格的に始まると見られる2030年の時点で、自社がどのような企業でありたいのか、その姿を描くことだろう。選択肢はいくつかある。

（1）自動運転車の車両自体だけでなく、運用サービス・インフラ・車内でのエンタテインメントや情報提供、広告サービスまで含めた次世代モビリティサービス全体を自社で手がける「トータルサービス提供型」

（2）インフラ整備や車内サービス事業は他社に任せ、インフラに見合った自動運転車を製造する。自動運転ソフトウエアは自社で開発する「ネットワーク利用型」

（3）インフラ整備も自動運転ソフトウエアの開発も他社に任せ、自動運転車のハードウエア部分の製造に徹する「車両製造特化型」

（4）クルマの基本となるプラットフォームの提供を受け、それにカスタマイズした車体を載せる架装業に徹する「カスタマイズ業者」

ただし、先ほどから説明しているように、自家用車から無人タクシーへの移行が進むのは先進国が中心であり、新興国では2040年ごろまでを見通しても、従来の人間が運転するクルマの販売が主流だろう。販売台数という点では、2025年時点での新興国の販売台数は世界販売の2／3を占めると見られ、仮に先進国で自動運転車の普及が進み、需要が減少に転じても、世界全体の販売台数は成長を続けると考えられる。

完全なプライバシー確保は不可能

また、先進国においても、自分で運転するクルマの需要がゼロになることはないだろう。もちろん、運転の楽しみを追求する層が、数は少なくなるとしても依然として残ると考えられるのが理由の一つ。そしてもう一つの理由は、完全なプライバシーの確保が無人タクシーでは不可能なことだ。

無人タクシーを呼び出して使う場合、誰がそのクルマを使ってどこに移動したかは、常に無人タクシーの管理センターに記録されている。スマートフォンを通じて利用者を特定することはもちろんのこと、車内にはモニターカメラが据え付けられ、利用者の様子は常に監視状態に置かれることになるだろう。

それは、万一無人タクシーが犯罪の移動手段として使われた場合に、犯人の足取りをつかむ必要があるからだ。そこまでいかなくても、無人の車両の中で、利用者が破壊行為を行ったり、車内を著しく汚してしまったりという行為を未然に防ぐため、あるいは起こってしまった場合にそうした利用者を特定することが必要になるためだ。

もちろん、すべての車両をいちいち人間が監視することはできないし、また、それは望ましいことではないだろう。したがって、それぞれの車両は通常は人工知能によってモニターされ、異常な行為が検知された場合のみ人間が確認するというプロセスになる。クラウドのメールサービスの利用者が、自分のメールの内容が「監視されている」と心配しないのと同様に、大半の人は、無人タクシーでも、自分の移動の履歴や車内での様子を人工知能に監視されていたとしても、それほど気にならないだろう。

しかし、そうしたことを嫌う利用者が一定数存在することも予想される。そうした利用者は、自分で運転する車両で移動するか、さもなければ、人間の運転するタクシーを移動手段として利用する必要がある。完全なプライバシーが保証される人間の運転するクルマか、安価だがプライバシーの完全な確保が難しい無人のクルマか、自動運転は移動手段でも新たな〝格差〟を生む可能性がある。

第三節

業態転換が求められる既存産業2 〜自動車関連産業〜

【自動車部品産業】EVの普及による戦略部品の変化

ここまで説明してきたように、自動運転技術による無人運転車が普及した場合の影響はビジネス・産業全般に及ぶ。まず部品産業に影響が大きいと考えられるのは、ここまで述べてきたように、自動車の多くがEVになると予想されるからだ。例えば、カメラが銀塩フィルム方式からデジタル方式に変わることによって主要プレーヤーが光学機器メーカーから電子機器メーカーに変わっていったように、主要技術の交代は主要プレーヤー交代の節目になることが多い。自動車の主要市場が先進国から新興国に移りつつあるという背景もあり、EVの普及を契機に新興メーカーが台頭してくる可能性は十分にある。

クルマの主流がEVになると、エンジン関連部品がコストに占める比率は大幅に低下し、代わってEVがコストの大きな部分を占め、性能を大きく左右する「モーター」「インバーター」「電池」が戦略部品として重要な位置を占めるようになる。自動運転に欠かせないセンサーなどの電子部品、それらを制御するネットワーク・システムなどの重要度もぐっと増してくる。

ＥＶに使うリチウムイオン電池は、スマートフォンやノートＰＣに使われているものに比べて容量が大きいだけでなく、要求される耐久性や信頼性もはるかに高くなる。車両本体との密接なすり合わせが必要なだけに、これまでは自動車メーカーと電池メーカーが合弁で設立した自動車用電池の専門メーカーが、主に供給してきた。しかし、今後自動運転技術の普及によってＥＶの比率が大幅に高まれば、電池需要も急増し、新規参入企業も増えるだろう。

ただし、「自動車産業」の項でも触れたように、２０４０年程度までを見通しても、世界の新車販売に占めるＥＶの比率は、現在最も強気な予測でも半分強にとどまる。世界で生産されるクルマの半分弱は何らかのエンジンを搭載し続けるということだ。このため、エンジン部品や変速機部品を製造するメーカーも、すぐに自社製品の需要がなくなると考える必要はない。ただ、需要の中心が新興国に移ることから、生産体制の再構築や、新興国市場の物価水準に合わせたコスト・品質の見直しが必要になるだろう。

サプライヤーも二極化

自動運転技術の進展とパワートレーンの電動化に伴って、完成車メーカーと同じく、自動車部品メーカーでも、売上規模で上位の大手部品メーカー、いわゆるメガサプライヤーと、中規模以下の部品メーカーでは、戦略に違いが出てきている。米オートモーティブ・ニューズ誌による世界サプライヤーランキング（2016年）によれば、世界の自動車部品メーカーの売上トップ5は、1位ドイツ・ボッシュ、2位ドイツ・ZF、3位カナダ・マグナ・インターナショナル、4位デンソー、5位ドイツ・コンチネンタルとなっている。

これら5社はいずれも、自動運転の頭脳である半導体や、センサー、電動化に対応するためのモーター、インバーター、電池などの基幹部品を自社で揃え、足りない部分は同業他社やベンチャー企業の買収、他社との合弁企業設立などで補っている。これにより、自動運転や、電動パワートレーンの基幹部品をシステムで供給する体制を整えつつある。

このように、メガサプライヤー各社がシステム開発に力を入れるのは、もはや多くの完成車メーカーで、すべての部分を自社で開発することが不可能になりつつあるからだ。先に解説したように、規模の小さい完成車メーカーは、自動運転システムや電動パワートレーンを、自社で開発しようとは考えていない。メガサプライヤーから自動運転システムを購入し、自社製品向けに味付けして商品化するという完成車メーカーも増えるだろう。

一方で、6位以下の部品メーカーは自社ですべてをまかなうことはできず、エンジン部品、車体部品、インテリア周り、シャシー部品といった具合に自社の専門分野を絞り込み、競争力を確保しようとしている。ただし、こうした専門部品に特化した企業においても、ハードウエアだけではなく、ソフトウエアやネットワークと組み合わせた「複層的な価値形成」によって、いかに自社製品を高付加価値化するかという取り組みは不可欠だろう。

もう一つ、今後自動車部品メーカーに求められる機能として、多品種少量生産への対応が挙げられる。前述のように、自動運転の普及に伴い、現在よりもはるかに車種の多様化が進む。これに伴って自動車部品、特に車体部品メーカーには多様な部品の多品種少量生産が要求されるようになる。こうした動きに対応するためには、従来のようなプレス成形や鋳造、樹脂の射出成形といった大量生産技術だけでなく、3Dプリンターなどの新しい製造技術を磨くことも必要になるだろう。

アッパーボディの主な材料が樹脂になることで、車体部品製造の参入障壁も下がる。部品の成形設備の投資額が鋼板部品に比べ小さくて済むからだ。今後自動車の世界においても、車体製造のオープン化が進むと考えられ、企業ごとの車両のカスタマイズの自由度が広がるだろう。現在、トラックの荷台に、クレーンやアルミバン、高所作業車やレッカー車の設備などを取り付ける専門メーカー（架装メーカー）が存在するように、大手の完成車メーカーがクルマの土台になるプラットフォームを外部企業に供給し、その上に目的に応じたアッパーボディを架装する新しい業態も登場するだろう。

【素材産業】マルチマテリアル化が進む

自動運転の普及に伴って、クルマの作り方も大きく変わる。車体を構成する部品に占める樹脂やＣＦＲＰ（炭素繊維強化樹脂）の比率が高まり、アルミニウム合金の使用も増える。一言で表現すれば、適材適所の「マルチマテリアル化」が進み、使用する材料は多様化する。これは、クルマの「生産財化」が進み、年間の走行距離が従来のクルマよりも大幅に増えるため、クルマの総コストに占める購入コストよりも、燃料費（ＥＶの場合には電気代）などのランニングコストが支配的になり、その低減がより重要になるからだ。

素材産業では外板の樹脂化だけでなく、ウインドーに使われているガラスの樹脂化も進む。さらに、構造部材の一部はＣＦＲＰへの置き換えが進むだろう。これまでＣＦＲＰ

部品の製造には手作りに近い手法が使われることが多かったが、これに代わって、より生産性の高い製造法に転換が進む。その過程で、これまでの熱で硬化させるタイプの樹脂に代わって、加熱すると柔らかくなるタイプの、より生産性の高い樹脂を使ったＣＦＲＰが多く使われるようになる。

また、前項で触れたように、車種の多様化が進むのに伴って、クルマの構造も変わる。プラットフォームは共通にして、その上にかぶせるアッパーボディを変えることで多様な車種を作り出す手法が主流になるだろう。そのためには、現在のようにプラットフォームとアッパーボディを溶接で一体化した構造ではなく、シャシーと、その上にかぶせるアッパーボディの分離構造を採用するクルマが増える。その場合、シャシーの構成材料としては、軽量化と衝突時の安全性を重視してアルミニウム合金製の押し出し材が主要部材として使われそうだ。

一方で、アッパーボディにはＣＦＲＰの使用が増える。成形時間が短くて済む熱可塑性樹脂を使ったＣＦＲＰ（ＣＦＲＴＰ）が主要な骨格に使われるようになるだろう。樹脂部品は、鋼製のプレス部品に比べて、成形設備の規模が小さくて済むため、多品種少量生産に向く。さらに、先ほど触れたように少量生産の車体部品の製造には３Ｄプリンターが使われる例も増えるだろう。少量生産といっても、数千台規模の生産量なら、現在でも金型の製造に大きな設備投資が必要な射出成形よりも、3Dプリンターのほうが樹脂部品の製造コストは安くなる。このため3Dプリンターが中少量生産の車両では主要な生産技術になる可能性がある。

【電機・電子産業】重要になった自動車市場

かつて、自動車用に使われる電子部品は、パソコンや液晶テレビ、携帯電話などの民生用電子機器に比べると、使われている技術の水準は低いとされてきた。これは、自動車のエンジン制御の内容が、民生用電子機器に比べるとはるかに単純な一方で、要求される信頼性は高かったことが背景にある。このため自動車用の電子部品は一般に、信頼性が十分に確認された「枯れた技術」が使われる分野と位置づけられてきたのである。

しかし、こうした自動車用電子部品の位置づけが、ここ数年で大きく様変わりしている。自動運転技術を実用化するためには、車両の周囲の状況を認識するための高度な画像認識処理能力を備えた高性能半導体や、目や耳にあたる高性能のセンサーが必要になるからだ。現在ではむしろ、自動車に使われる電子部品の技術開発が、電子部品の進化の原動力になりつつある。

加えて、パワートレーンの電動化も進むことを考えれば、これから先、自動車は大量の電機・電子部品を飲み込む巨大市場になることは確実だ。この成長市場を狙って、すでに世界中の企業が参入し、厳しい競争を繰り広げている。日本の大手電機・電子メーカー各社も、自動車を重要市場と位置づけ、設備投資、技術開発、企業買収に力を注いでいる。

三種の半導体の本命争い

現在、自動ブレーキや車線逸脱警報機能など、自動運転の前段階に当たる「先進運転支援システム（ADAS）」では、その頭脳を担う半導体としてパソコンやスマートフォンでも使われている「CPU（中央演算ユニット）」が使われている。しかし、今後高機能化が進む自動運転では、より高い画像処理性能を備えた半導体が必要になる。現在「FPGA（フィールド・プログラマブル・ゲート・アレイ）」「GPU（グラフィックス・プロセッシング・ユニット）」「ASSP（アプリケーション・スペシフィック・スタンダード・プロダクツ）」といった各種の半導体が本命争いをしているところだ。

このうちFPGAは、CPUに比べて高速に画像処理などをできる半導体で、すでに多くの自動ブレーキ向けカメラに使われている。カメラに写っている画像が「車両なのか」「歩行者なのか」といった判断を高速で処理できる点が評価されている。

一方、最近になってクルマの知能化を担うデバイスとして急速に台頭してきたのがＧＰＵである。ＧＰＵはもともと、画像処理専用に開発された半導体で、ゲームなど高速で高精細の画像を処理する用途に多く使われていた。自動運転を実現するうえで、他の車両や歩行者、自転車などを高い精度で見分けるための手法として、最近「ディープラーニング」という人工知能技術が活発に研究されている。このディープラーニングを実行するための半導体として、もっとも一般的に使われているのがＧＰＵなのである。ＧＰＵも、ＣＰＵより高速に画像処理を実行できるのが特徴だ。

ではＧＰＵとＦＰＧＡで何が違うのかということになるが、非常に乱暴に説明してしまえば、ＧＰＵよりもＦＰＧＡのほうが消費電力を少なくできるが、プログラムはＦＰＧＡのほうが難しい、ということになる。

ＧＰＵやＦＰＧＡは、歩行者を見分ける、標識の内容を理解する、といったプログラムを、ユーザーである完成車メーカーや部品メーカーが作る必要がある。これに対して、あらかじめプログラムを組み込んだ状態で出荷される半導体がＡＳＳＰである。この

ＡＳＳＰは特定用途向け標準製品という意味で、組み込んでいるのは、「歩行者を見分ける」「他の車両を見分ける」「標識を判別する」「道路の制限速度表示を読み取る」といった特定の機能で、そうした処理に適した専用の回路を備えている。

ＡＳＳＰは、完成車メーカーや部品メーカーにとっては開発の手間が省け、またある特定の処理に最適化した回路構成になっているので消費電力も抑えられるという特徴がある。ただし、ユーザーがプログラムするＦＰＧＡやＧＰＵに比べると盛り込める機能の自由度が低く、他社に対して差別化が難しいという制約もある。

ＦＰＧＡでは米インテルや米ザイリンクス、ＧＰＵでは米エヌビディア、ＡＳＳＰではイスラエル・モービルアイ（２０１７年3月にインテルが買収を発表）といった海外の半導体メーカーが強い。ここに、東芝やルネサス エレクトロニクスといった日本の半導体メーカーが、ＡＳＳＰで食い込もうとしているというのが現在の状況である。

センサーで一矢報いられるか

一方、自動運転用センサーで必須とされているのが「カメラ」「ミリ波レーダー」「レーザーレーダー（LiDARと呼ばれることが多い）」の3種類のセンサーだ。これら三つのセンサーが、自動運転車でどのように使われているかは第四章で詳しく解説するが、現在は、この三つのセンサーのいずれも海外の部品メーカーの製品が多く採用されている。ただし、日本のメーカーの巻き返しが徐々に始まっている。

カメラに使われているイメージセンサーでは、米国のオン・セミコンダクターという企業が現在シェア1位だが、デジタルカメラやスマートフォンなど民生機器用イメージセンサーで世界シェア1位のソニーが、ここにきて車載用センサーに参入した。2019年ごろからいくつかのメーカーでの採用が始まる見込みだ。民生機器で培った技術を生かしてどこまで食い込めるかが注目される。

ミリ波レーダーは、ミリ波と呼ばれる短い波長の電波を使うレーダーで、電波の指向性が高く、カメラやLiDARに比べると雨や雪などの悪天候に強いという特徴がある。ボッシュやコンチネンタルといったドイツの大手部品メーカーが日本車においても高いシェアを占めている。国内メーカーとしてはデンソーや富士通テンなどがあるが、現状では、量産効果を背景にした海外大手メーカーのコスト競争力に太刀打ちできていない。ただし、2020年以降、ミリ波レーダーの高周波信号を処理する回路が、現在の高コストの化合物半導体から、安価なシリコン製に世代交代すると予想されている。この世代交代のタイミングで、日本勢がコスト競争力を挽回できるかどうかが、国産勢巻き返しの焦点になる。

LiDARは、電波の代わりにレーザー光を照射して、物体の有無や物体の形状、物体との距離を計測するセンサーだ。レーザー光は悪天候には弱いが、電波よりもさらに指向性が高いため、物体の形状や物体との距離をより高精度に検知できるという特徴がある。

現在、各社の自動運転の実験車両には、米国のベロダインという会社のLiDARが使われているが、価格が数十万円~数百万円という高価なもので、量産車にはとても使えない。このため大手部品メーカーからベンチャー企業まで、世界の企業が開発競争を繰り広げている。最終的には各社とも1個1万円程度までコストを下げることを目指しており、国内ではデンソーやパイオニアなどが開発に取り組んでいる。世界の競合相手に先んじて、低コストLiDARの量産に成功すれば、世界の市場を席巻することも夢ではない。民生用の汎用電子部品では、韓国や中国の企業に対してコスト競争力で不利な戦いを強いられている日本の電機・電子メーカーだが、これまでに実績のない部品の量産体制を立ち上げる能力では、まだ日本のメーカーにも勝機がある。

▨ コックピット周りにもビジネスチャンス

このほか、自動運転の普及でビジネスチャンスがあると考えられるのが「デジタルコックピット」と呼ばれる次世代の運転席周りのシステムだ。第四章で詳しく触れるが、限定的な条件下での完全自動運転車は２０２０年代の初頭にも実用化されると予想されるが、量産車における自動運転技術は当面、人間が監視した状態で使うことが前提になる。

つまり、人間は自動運転システムが正常に動作しているかどうかを監視する義務を負うわけで、車両側には、人間に対してシステムの状態を分かりやすく伝えることが要求される。いわゆるＨＭＩ（ヒューマン・マシン・インタフェース）技術の高度化が、現在のクルマ以上に要求されるわけだ。

こうした状況を受けて、パナソニックやＪＶＣケンウッドなどが、カーナビゲーションシステムで培った技術をベースに、デジタルコックピット市場への参入を狙っている。例えばパナソニックは、電子ミラー（ディスプレイ技術を応用したミラー）技術を持つスペインのフィコサ・インターナショナルに出資した。パナソニックの映像技術と融合することで、デジタルコックピットに応用することが狙いとみられる。

電池市場を守りきれるか

日本の電池産業はつい最近まで、ハイブリッド車やＥＶ向けの電池で、世界をリードする存在だった。実際、矢野経済研究所の最近の調査（２）によれば、２０１３年の自動車向けリチウムイオン電池の世界シェアで、日本は約66％と、圧倒的な比率を占めていた。ところが、ＥＶの生産台数が急増している中国でのリチウムイオン電池の生産量が急増、２０１５年には中国のシェアが63・４％となり、日本は27・５％のシェアに落ち込み２位に後退した。また、韓国のシェアは８・８％にとどまっているが、猛烈な低コスト化を進めて日本を追い上げており、予断を許さない状況にある。

（２）「世界の６割牛耳る中国、車載用リチウム電池」、日経テクノロジーオンライン、２０１６年11月、http://techon.nikkeibp.co.jp/atcl/column/15/418987/111400010/

中国の電池産業は、技術的には未成熟で、技術水準という観点からみれば、日本メーカーはまだ優位にあると見られる。ＥＶの無人タクシーに使う電池には高い信頼性や、高速充電特性など、技術的な難度の高い要求を満たすことが求められるから、その重要度に見合った研究開発投資や設備投資を持続させることができれば、日本メーカーの技術的優位は当面揺るがないだろう。逆にいえば、研究開発投資や設備投資を怠り、こうした技術面での優位がなくなれば、コスト競争に陥り、韓国メーカーの後塵を拝することになった民生用リチウムイオン電池の二の舞いになりかねない。

日本はリチウムイオン電池を世界で初めて商業化した国で、世界シェアの9割以上を占める時代もあった。しかし韓国や中国などの追い上げに遭い、2012年の時点で日本勢のシェアは3割に低下。ちなみに韓国勢はシェアを4割強に伸ばし、2割程度を占める3位の中国も着々とシェアを伸ばし、日本を脅かす状況になっていた。スマートフォンなど携帯機器向けの分野で、競争の主眼が技術から価格へと移っていった結果である。

日本はこれまで、半導体、液晶パネルなどで世界一の地位を占めながら、その地位を韓国に奪われるという歴史を繰り返してきた。リチウムイオン電池でも同じことが起こったわけだ。そうした中で、まだ日本メーカーが技術的な優位を保っている自動車向けの大型リチウムイオン電池は、最後の砦といえる。

量産規模では中国のメーカーにリードを許し、低コスト化では韓国に押され気味の日本の電池メーカーだが、新しい材料系によってエネルギー密度を飛躍的に高めたり、長期にわたる信頼性や短時間充電を実現する技術力では、まだ優位性がある。自動運転の時代になり、クルマという商品が、より品質重視になれば、復権のチャンスはまだあるはずだ。日本メーカーでは、米テスラにリチウムイオン電池を供給するパナソニックが生産規模ではずば抜けた存在だが、海外企業の勢いに対抗するためには、国内の電池メーカーの再編を進め、一段の規模拡大を進める必要があるだろう。

【物流業界】 トラック輸送のコストを半減

物流業界では、自動運転技術によってコストの大幅な削減がもたらされるだろう。現在、トラック輸送に占める人件費の比率は5割弱である。集荷や配達など無人化が難しい部分もあるので、計算通り半分とはいかないだろうが、自動運転の導入によってコストがかなり低減できることは間違いない。安全性の向上や人手不足への対策という意味でも、自動運転技術は大きく貢献するはずだ。

安全性の向上で特に期待されるのが、大型トラックである。大型トラックは、ひとたび事故を起こせば、大事故につながりやすいため、２０１４年11月から新車への自動ブレーキの装着が義務付けられている。労働条件が厳しく、コスト削減要求も強いことから、運転の自動化のニーズが強い分野だといえる。完全自動運転による「無人トラック」が実現されれば、コスト削減だけでなく、安全性の大幅な向上ももたらされるはずだ。また、現在トラック業界ではドライバー不足が深刻化しており、トラックへの自動運転技術の導入は、こうした人手不足問題の解消にもつながる。

しかし、トラックへの自動運転の導入は、乗用車よりも遅れる見通しだ。システムの信頼性の面で、乗用車よりも高い水準が要求されることと、車体が大きく、技術的にも難度が高いことがその理由だ。まず導入されるのは、高速道路の決まったルートを走る幹線ルートだろう。高速道路のインターチェンジ近くにある物流センターと物流センターの間を結ぶルートからまず導入され、物流センター以降の小口配送については、荷揚げ、荷降ろしを伴うこともあって、当面人間のドライバーがいなくなることはなさそうだ。

しかし、宅配便など個別配送の分野でも人手不足が深刻化しており、自動運転を前提にした新しいサービスの開発も進みそうだ。例えばディー・エヌ・エー（DeNA）はヤマト運輸と共同で自動運転トラックを使った宅配サービス「ロボネコヤマト」の実用実験を始めた。

これは、車内に荷物の保管ボックスを備えた専用の車両を使ったサービスで、荷物を受け取る人は、スマートフォンから荷物の受け取り方として「ロボネコデリバリー」を利用す

図2-2　ロボネコヤマトの実用実験に使う車両

車内に荷物の保管ボックスが備えられており、荷物を受け取る人はスマートフォンを使って二次元コードか暗証番号でロックを解除して荷物を受け取る（写真：DeNA）

る」を選択し、配送場所、配送時間枠を10分単位で指定する。すると到着の3分前に電話で連絡があり、指定した場所に車両が到着したら、二次元コードか暗証番号で保管ボックスのロックを解除して、荷物を受け取るという仕組みだ。

配送車両には当面人間のドライバーが乗るが、将来的には自動運転車両によるサービス提供を想定している。自動運転車両を使った宅配便では、各戸に荷物を届けることまではできないが、このように車両のところまで利用者に来てもらうサービスが受け入れられれば、荷物をトラックまで取りに来てもらうことを前提に、格安の料金を設定した「無人トラック宅配」などが実現する可能性もある。

【タクシー業界】人間にしかできないサービスに商機

タクシーは、自動運転技術による無人タクシーと直接競合するだけに、移動手段というだけの付加価値では、対抗するのが難しい。高齢者の墓参りや買い物などにも付き合うケアタクシーや介護のようなサービス、車両を高級化することや、丁寧な接客によって接待需要を開拓するなど、機械ではできない、人間だけの付加価値は何なのかということを見つめ直す必要に迫られる。一つの方向は、自動車産業の項でも説明したように、プライバシーの確保だろう。移動の匿名性を確保し、履歴が残らないようにしたいユーザーは、無人タクシーを使うわけにはいかない。このため、人間のドライバーが運転するタクシーには一定の需要は残るはずだ。

別の可能性として、人間のタクシードライバーが、無人タクシーの管理者として働くという方向があるだろう。無人タクシーの所有者としては、完成車メーカー、駐車場の運営業者、ＩＴ企業、個人の消費者など様々な可能性が考えられるが、一つの有力な候補は現在のタクシー会社だろう。人間のタクシードライバーが5～10台の無人タクシーの管理者となり、車両の清掃や整備などを担当して、代わりに無人タクシーの売上の一部を受け取るようにすれば、有人タクシーから無人タクシーへの移行期を、人間のドライバーとの摩擦を起こさずにスムーズに乗り切れるかもしれない。

無人タクシーの導入によって、むしろタクシーの需要は大きく拡大する可能性がある。市場を奪われると考えるのではなく、むしろ事業を発展させるチャンスと捉えるべきだろう。

第四節

市場が縮小する業界

【保険業界】交通事故は9割以上減少する

自家用車が無人タクシーへと移行することで、周辺産業で大きな影響を受ける業界の一つとして、保険業界が挙げられる。自動車保険の保険料収入は損害保険全体のほぼ半分を占める巨大市場で、2012年度で約3兆6000億円にも上った。しかし、自動運転の時代になれば、事故の件数は激減し、市場規模は大幅に縮小すると予想される。先に触れたように、交通事故の9割以上は、人間の認知、判断、操作のミスから生じている。こうした「ヒト」に由来するミスがすべてなくなれば、事故を9割以上減らすことができるはずだ。

しかし、保険がまったく不要になるわけではない。自動運転車といえども、事故を完全にゼロにすることはできないからだ。また、自動運転車が実用化されても、しばらくの間は人間が運転するクルマとの混合交通の時代が続くから、人間のミスによる巻き込まれ事故は当然考えられるし、クルマの回避能力を超える速度で反対車線からクルマがはみ出してきたり、歩行者や自転車が急に飛び出してきたような場合には、衝突は防げない。土砂崩れや道路の陥没など、自然災害に起因した事故の発生もあるだろう。自動運転システムのバグや故障、想定していない事象に遭遇したために事故が発生する確率もゼロではない。

ただし、保険の形態は、現在とは大きく変わる可能性がある。その理由は、自動運転車の場合、周囲を常に監視するカメラを備えているため、事故の状況が詳細に記録されるようになることだ。事故が発生した場合、何が原因で、どのような状況で事故が起こったのか、詳細に把握することが可能になる。こうした情報を一定の期間蓄積することにより、自動運転車の事故発生確率や、補償額をかなり精密に予測できるようになる。

こうした情報を最も詳細に蓄積しているのは、ネットワークを含めた自動運転システムを運用する企業である。自動運転システムを運用するのは、完成車メーカー、完成車メーカーから委託を受けたＩＴ系の企業、完成車メーカーから独立したシステムを運用するＩＴ系企業などが考えられるが、いずれにしても、事故の詳細な記録自体が貴重なデータなので、そう簡単に外部の企業に提供しないだろう。だとすれば、運用会社が保険業務も手がけるようになるというのが、合理的なシナリオである。既存の保険会社と自動運転システムの運用会社が共同出資で保険会社を設立するというシナリオもあるだろう。

ただし、この仕組みだけでは十分ではない。運用会社が提示した賠償額に不服がある場合、自動運転車同士が事故を起こした場合の責任分担、無人タクシーの利用者が危険な行為をした場合など、運用会社だけの対応では不十分なケースも出てくる。事故の責任分担や、賠償額が適正かどうかなどを判断するための第三者機関も必要だろう。こうした機関に対しては、無人タクシーの運用会社も詳細なデータを提供する義務を負うことになる。

コネクテッド・カー向けの保険も

もっとも、こうした完全自動運転の時代を待たずに、保険の形は変容していくだろう。すでに東京海上日動火災は、ＡＤＡＳ（先進運転支援システム）が動作中に起こった事故が、運転者の責任なのか、システムの誤動作なのか、責任の所在があいまいな段階でも被害者を救済する特約を商品化している。こうした動きが業界全体に広がっていくだろう。

また、今後、クルマが通信機能を備える「コネクテッド・カー化」が急速に進んでいくと予想されている。こうした通信回線を通じて、クルマの状態をモニタリングし、安全運転をしているドライバーや年間の走行距離の短いドライバーには保険料を割り引くなどのサービスも普及するだろう。

もっとも日本では、ドライバーの保険等級が、異なる保険会社に乗り換えても引き継がれるという世界的に見ても特異な制度が普及している。優良ドライバーかどうかというデータが、ある意味業界全体で共有されていたので、通信機能によってドライバーの運転状況が把握できるようになっても、保険料はそう大きく変動しないと予測されている。

しかし、こうした制度が普及していない他の国では、今後、通信データを利用した「コネクテッド・カー保険」は保険料率の算定に大きな影響を与えるようになる可能性がある。また、こうした通信機能を単に保険料率の算定だけに使うのではなく、エアバッグが作動したことを検知すると自動的に緊急通報をするサービス、安全運転を促すコンサルティング機能、車両盗難時の追跡サービスの提供なども行われるようになるだろう。

【自動車整備業界】自動運転時代には車検制度も変わる？

自動車整備業界も、完全自動運転車の普及によって大きな影響を受ける。現在でも、ハイブリッド車の普及によって、回生ブレーキ（制動時に車両の運動エネルギーをモーターで回収する仕組み）が多用されるようになり、ブレーキパッドの摩耗が少なくなったり、自動ブレーキの普及によって板金修理の頻度が減るといった影響が出ている。

さらに、ハイブリッドシステムや自動ブレーキなどの複雑な電子制御システムの整備や修理は、高度な設備が必要なため、正規ディーラーではない独立系の自動車整備業では手がけるのが難しくなっている。このため、独立系の自動車整備業者の主要な業務は、車検整備の請け負いになっている場合が多い。

しかし、完全自動運転車が普及すると、現在の車検制度が見直されることは間違いない。現在の自動車は、万一の故障時に人間のドライバーが事態に対処する。しかし自動運転車は、基本的には車両単独で問題に対処することが求められる。もちろん、車両だけで対処が難しい場合には、車載通信システムを通じて運用センターに連絡が行き、人間が問題解決のために現地に赴くことになるが、そうした事態はできるだけ避けたい。クルマの自己診断機能によって故障を可能な限り未然に防ぐことはもちろん、故障の兆候を事前に把握する、頻繁に検査する、などの対策が必要になるだろう。

完全自動運転車が普及した段階で、こうしたきめの細かい保全作業を完成車メーカーや、自動運転ネットワークの運用業者がすべて手がけるのには無理がある。したがって、自動車整備業界は今後、完全自動運転車の日常的な整備活動を手がける業態に、徐々に変わっていく必要があるだろう。

【駐車場業界】無人タクシーが招くビジネスチャンス

完全自動運転が実現し、都市部で多くの人が無人タクシーを利用するようになれば、駐車場ビジネスも大きな影響を受けることになる。都市部で走るのが無人タクシーのようなクルマが主流になると、1台のクルマの稼働率が上がり、駐車場で待機するクルマの数は減る。

この結果、駐車場の需要は大幅に減少する。専用の駐車場はほぼ不要になり、路上駐車程度でこと足りるということになるかもしれない。自宅の駐車場スペースも不要となり、ショッピングモールなどでも現在のような広大な駐車スペースは不要になるだろう。そうなれば、店舗設計も大きく変わり、土地を現在以上に有効活用できるようになる。

ただし、完全自動運転車の普及を、駐車場業界の新たなビジネスチャンスにつなげる可能性もある。タイムズ24が、自社で運営する駐車場を利用してカーシェアリング事業に乗り出しているように、駐車場事業を手がける企業が、自社の保有する駐車場を利用して自らが無人タクシー事業に乗り出したとしても、少しも不思議ではない。この場合、駐車場を運営している強みは、無人タクシーの充電ステーションとして活用できることだ。

無人タクシーにおいては、ここまで説明してきたようにＥＶが主流になると考えられるが、充電方式としては第一章でも触れたように非接触充電が主流になるだろう。非接触充電の技術は、地面に埋め込んだ送電コイルから、ＥＶの床面に取り付けた受電コイルへと、電極同士を接触させることなく電力を送り込む技術だ。現在の充電ステーションのように、送電のための配線をＥＶのコネクタに接続する必要がなく、地面側の送電コイルと、車体側の受電コイルの位置を合わせるだけでよいので、無人の車両の充電に向く。

無人の車両を運用するには、こうした充電ステーションを都市部の各地に配置する必要があり、すでに各地で駐車場を運営する企業は、こうした充電インフラを構築するのに適したポジションにいるといえるだろう。

次に考えられるのは、駐車場に停まっている無人タクシーを活用したビジネスだ。スマートフォンはもともと携帯電話から発展したものだが、いまや本来の機能である「通話」にスマートフォンを使う頻度は低く、他の用途に使っている時間のほうが圧倒的に長くなっているユーザーが大半である。つまり、スマートフォンは「フォン」という名称は付いているが、すでに「通話のための道具」とは言いにくくなっている。

それと同様に、近未来の無人タクシーは、次第に移動以外の目的に使われることが多くなる可能性がある。例えば、この後で紹介するが、無人タクシーの中には、室内で高精細の動画や、高音質の音楽を楽しめる機能を備えたものも出てくるだろう。そうした機能は、別に走っている間だけ利用する必要はない。駐車場に停まっている無人タクシーを、動画や音楽を楽しむためだけに利用するユーザーも出てくるだろう。

あるいは、駐車場に停まっている無人タクシーを外部から隔離された空間として、仕事のために利用する「ノマドワーカー」も出てくるかもしれない。仮眠を取るスペースとして利用する人も出てくるだろう。このように、無人タクシーは様々な目的のための「ハコ」となり、駐車場を運営する企業は、無人タクシー車両を多数所有し、関連の様々なビジネスを展開する企業として発展できる可能性がある。車を手放し、自宅の駐車場が不要になった人から駐車場を借り上げ、無人タクシーを運用するための駐車場として利用するといった、新しい形態の駐車場ビジネスも出てくるだろう。

【公共交通】 公共交通への無人化技術の利用も

完全自動運転技術による無人タクシーの普及は、一部で公共交通から無人タクシーへの利用者のシフトを起こすだろう。無人タクシーの増加により、タクシーの移動コストが大幅に低減されれば、現在いる場所から行きたい場所に直接行ける利便性が評価されて、地下鉄やバスから無人タクシーに切り替えるユーザーがかなり発生すると考えられるためだ。あらゆる車両の自動運転化が進み、渋滞が緩和されれば、こうしたシフトをより促進すると考えられる。

また、家族4人で移動する場合などは、1人当たりの移動コストが低減されるので、無人タクシーのほうが電車より総コストが低くなる可能性がある。駅まで行かなくていい、必ず座れる、直接目的地まで行ける、などのメリットも加わって、電車より多少余計に時間がかかっても、無人タクシーを選ぶユーザーも多いだろう。

逆に、公共交通で自動運転技術を活用する動きも出てくる。すでに、過疎化が進み、公共交通を維持するのが困難になっている地方で、自動運転技術を使った乗合バスの運行が検討されている。こうした地域で、鉄道やバスが廃止されれば、自家用車しか交通手段がなくなる。

一方で、高齢化が進んでいるので、運転に不安を感じる人も多い。こうした有人のバスやタクシーでは採算を取るのが難しい地域でも、無人タクシーや無人バスであればコストが下がり、運行の可能性が増す。その日の移動ニーズに応じて、柔軟に運行ルートを変更するなど、自動運転技術をテコに、公共交通を生まれ変わらせようとする動きが活発化するだろう。

第五節

新たなビジネスチャンスをつかむ業界

【自動運転ベンチャー】何でもありの車体デザイン

クルマが自動運転へと移行する時代を見据え、新たなビジネスチャンスをつかもうというベンチャー企業も数多く現れている。例えば2021年に自動運転の実用化を目指すオーストラリアのベンチャー企業がズークスだ。同社は、クルマが個人所有からメーカー所有中心になり、街角でタクシーを拾うような感覚で利用できるようになると見ている。

非常に興味深いのは、同社が現在開発中の自動運転車のデザインである。最初から完全な自動化を目指しているので、ステアリングやアクセルは付いておらず、乗員が前を見るためのフロントウインドーさえ備えられていない。4人の乗員は向かい合って座り、電車のように、サイドウインドーから外の景色を眺めることになる。クルマには前後の区別がなく、狭い路地で来た道を戻らなければならない場合も、Uターンの必要はない。

乗員が前を見ることができない設計は「…車が高速走行している時、おそらく搭乗者は

図2-3　ズークスの自動運転車のイメージイラスト

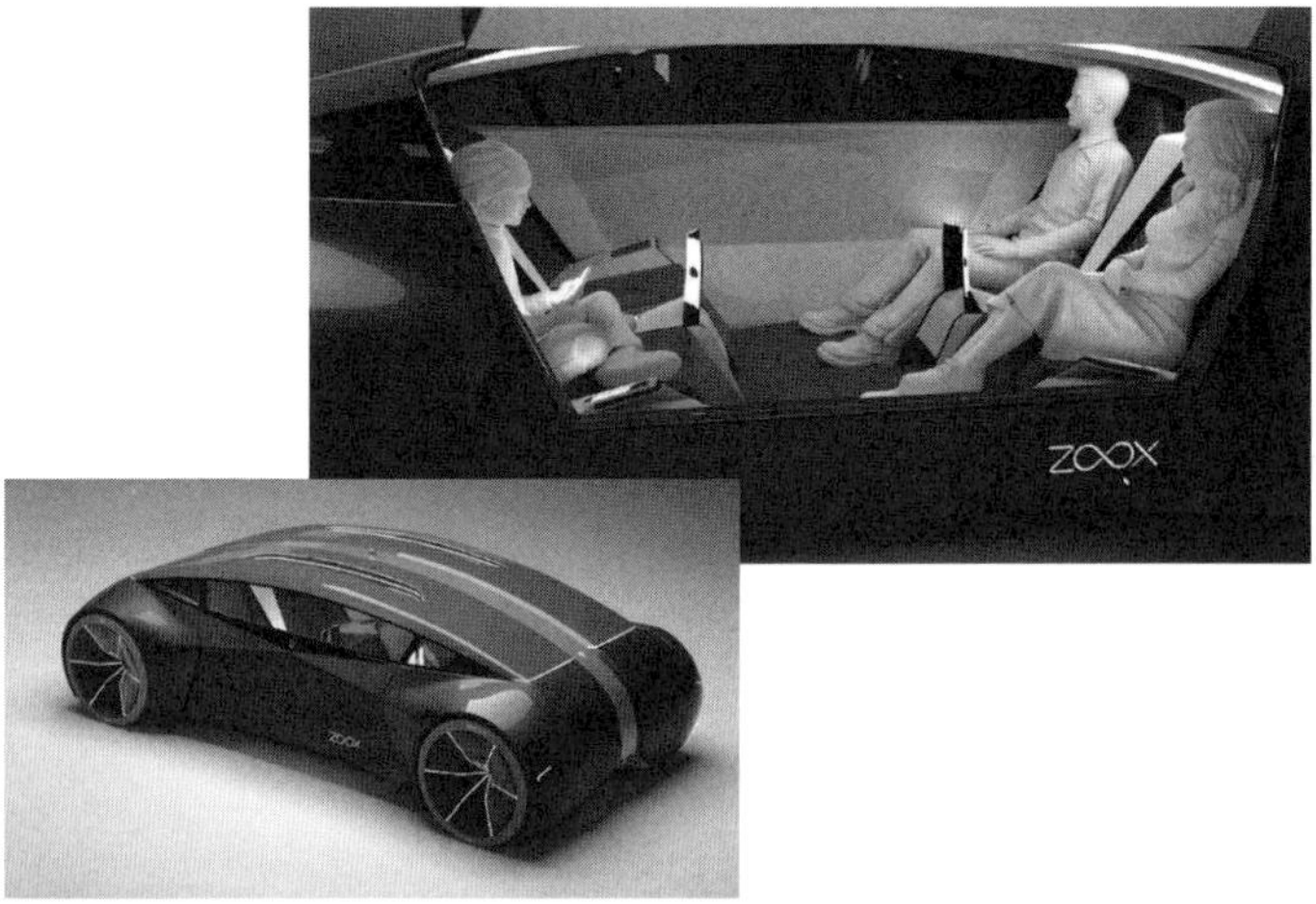

人間の運転を前提としていないので、車両には窓がなく、座席は向かい合わせにレイアウトされている（写真：ズークス）

前を見たくないだろう。スリル好きでなければ、ストレスになるだけだ」（同社最高経営責任者のティム・ケントレイ・クレイ氏）（3）という考えに基づくものだ。

（3）「Zooxの自動運転車は、ハンドルすら必要としない」、Readwrite.jp、http://readwrite.jp/trend/3296/ ２０１３年12月

米クルーズ・オートメーションは、既存のクルマを自動運転車に転換する後付けキットを開発するというユニークなビジネスモデルで伸びているベンチャー企業だ。米ＧＭはクルーズの技術力に目をつけ、２０１６年３月に同社を買収すると発表した。買収金額

は未公表だが、10億ドル以上に上るという推定もあるという。

米国のローカル・モーターズの戦略もユニークだ。同社は3Dプリンターを使って、クルマを丸ごと作ってしまおうという斬新なアイデアで自動車産業に参入したベンチャー企業である。同社は、車体を構成するほとんどの部品を3Dプリンターで製造した自動運転バスを開発、現在米国ワシントンD.C.などで実験走行している。

先に触れたように、自動運転時代には現在とは比べものにならないほど多様な車種が、目的に応じて、あるいは地域の事情に応じて製造されるようになるだろう。このための有力な製造手段が3Dプリンターである。日本では、車両1台分を3Dプリンターで製造する企業は現れていないが、外板部品の一部を製造するカブクのようなベンチャー企業も登場している。

▨ センサー分野でも新規参入企業が続々

もう一つ、ベンチャー企業が続々と参入しているのがセンサー分野だ。「電機・電子産業」の項でも触れたが、特にLiDARの分野では、まだ技術が確立していないだけに、大手企業だけでなく、多くのベンチャーが独自の技術を掲げて参入してきている。開発のスピードが要求されるだけに、こうしたベンチャー企業に大手部品メーカーが出資したり、あるいは買収したりといった動きも活発になっている。

例えば、第三章で詳しく紹介する米クァナジー・システムズは「光フェーズドアレイ」という新しい技術を採用したLiDARを開発、現在数十万円以上もするLiDARのコストを1万円以下に下げることを目指している。

このように、自動運転は新しい技術であるだけに、様々な方面から新しい技術を武器にした多くのベンチャー企業が参入してきており、こうした企業の中から次の時代を担う新しい巨大企業が生まれる可能性もある。

【IT業界】可能性を切り拓くアイデア

現在、完成車メーカー以外で最も熱心に自動運転技術の開発に取り組んでいるのはこの業界だろう。IT業界の自動運転への取り組みは、二つの方向に分けられる。

一つは、無人タクシーに代表される無人の移動サービスの提供を狙う企業である。その代表的な存在が米ウーバーだ。現在はプロではない一般のドライバーを活用したライドシェアリングサービスが同社の主力事業だが、将来に向けて自動運転技術の自社開発に乗り出しており、将来的には無人の車両を使った移動サービスの提供に意欲を燃やしている。同様に無人の移動サービスの提供を狙う国内のＩＴ企業には、ＤｅＮＡやソフトバンク子会社のＳＢドライブなどがあり、両者とも過疎地などでの自動運転バスの運行を目指している。

自動車運転専用〝アプリ〟も

もう一つは、移動サービスそのものの提供ではなく、自動運転車の利用者に対してサービスを提供することを目指す企業だ。その代表格がグーグルである。グーグルが目指しているのは、自動運転車の利用者に対する情報サービスで、これには広告と連動させた無料移動サービスも含まれると見られている。例えば、レストランを検索する利用者に対して、利用者の好みに合うレストランをリコメンドし、もし無人タクシーが実際にそのレストランに利用者を連れて行く場合、そこまでのタクシー料金を無料にしたり、レストランでの利用料金を割り引くというようなサービスである。

将来は、それぞれの利用者の無人タクシーサービスの履歴をビッグデータとして蓄積し、様々な形に加工して販売するようなビジネスモデルも出てくるかもしれない。無人タクシーの利用者は、先に説明したように、誰が、いつ、どこからどこまで利用したか、またその移動中にどのような情報サービスや娯楽サービスを利用したかという履歴がすべて蓄積される。

こうした情報は高度な個人情報であり、生の形で自動運転システムの運用会社が外部に漏らすことは通常ないはずだが、これらのデータを匿名化して、マーケティングデータなどの目的で外部の企業に販売することは十分考えられる。

このほか、非常に多くの企業が参入しそうなのが、車内アプリの市場だ。現在スマートフォン向けに多くのサードパーティがアプリを提供しているのと同様に、様々な種類のアプリが自動運転車の車内向けに提供されるだろう。友人に対して移動中の利用者が自分のいる場所や周囲の景観を共有するＳＮＳや写真共有アプリ、クルマの動きと連動して自分の乗り物が動くことで臨場感を味わえるゲームアプリ、買い物に行く途中でお勧めの献立を紹介してくれるアプリなど、車内で利用することに特化した独自のアプリが多く登場するだろう。

現在のスマートフォンのアプリの開発者が、アプリを無料で提供するのと引き換えに、個人情報を取得しているのと同様に、自動運転車においても、車内で利用する様々なアプリから利用履歴などを取得し、その販売が新たなビジネス分野として成立するだろう。

このほか、自動運転車内を「動くオフィス」として利用する人もいるだろう。メールをチェックしたり、電話をしたりするのはもちろんのこと、フロントウインドーをスクリーンにして、テレビ会議をすることも考えられる。

【エンタテインメント業界】車内はエンタテインメントの場

自動運転車向けのゲームアプリと同様に、クルマで移動中に楽しむ、新しいタイプのエンタテインメントも生まれるだろう。自動運転車では運転中に外を見る必要がなくなるので、例えばフロントウインドー全面を大型ディスプレイにして、映画などの動画コンテンツを楽しむことが可能になる。サイドウインドーやリアウインドーまでを使い、周囲360度の映像が楽しめる映像ソフトも登場するかもしれない。こうした臨場感の高いディスプレイは、自動運転車用ゲームにも使われるだろう。

娯楽用の映像だけでなく、語学や資格などの学習コンテンツを利用する人もいるだろう。また車内は、専用に設計した高音質のオーディオを備えられるので、自宅では実現できないような音響効果の高い音楽ソフトを楽しめるようになるだろう。

こうした自動運転車の車内エンタテインメント産業には、ディスプレイや音響機器メーカーだけでなくコンテンツサプライヤーにも新たなビジネスチャンスを提供する。現在は主にテレビやスマートフォン、パソコン向けに音楽ストリーミングサービスを提供するスウェーデンのSpotifyのような企業や、ネットラジオサービスを展開する米パンドラ、映像ストリーミングサービスを提供するNetflixのような企業が、自動車向けに専用コンテンツを提供することも考えられる。

【観光業者】インバウンド増加への期待

無人タクシーの普及により、旅行産業は活発化するだろう。これまでクルマを運転しないと行けなかったような観光地に、誰でも容易にアクセスできるようになり、場所によるハンディキャップが緩和されるからだ。特に期待されるのが、外国人観光客が観光地を訪れやすくなる効果だ。人間のタクシー運転手に、多くの海外言語を話せるように教育するのは大変だが、無人タクシーが海外言語を話せるようにするのはずっと容易なはずだ。

また、タクシー料金が大幅に低下することにより、これまで交通が不便だということで敬遠されていた観光地も、立地のハンディキャップが軽減される。

無人タクシーを使った観光ツアーも可能になる。ホテルや観光地間の無人タクシーによる移動がすべてパッケージ化されたものであっても、乗り降りするつど車両が変わっても構わない。ある観光地に着いて利用者を下ろした無人タクシーは別の顧客のところに向かっても、観光プログラムを引き継いだ別の無人タクシーが戻ってくればいいわけだ。

【住宅業界】非接触充電設備を備える家庭の増加

自動運転車の普及は、住宅産業にも影響を与えるだろう。個人の移動のかなりの部分は無人タクシーへ移行することが考えられるが、一方で、自分で運転を楽しみたい、あるいは、たとえオンデマンドでも無人タクシーが来るまでの待ち時間が煩わしいといった理由で、個人所有を続ける消費者も一定数存在するはずだ。

特に、人口密度の低い地方では、無人タクシーの配車数が少なく、待ち時間が長くなることも考えられる。したがって、そうした地域では、個人所有の自動車がなくなることはなく、所有全体に占める個人所有の比率のほうが実際には法人所有の無人タクシーよりも多くなるだろう。

ただし、自動車産業の変化のところでも触れたように、個人所有の車両でも、自動運転機能を備え、クルマを利用しないウイークデーには無人タクシーサービスに所有するクルマを貸し出す消費者も出てくるだろう。そうした消費者が増えるにしたがって、自宅の車庫にも、充電ステーションと同様に、非接触充電設備を備える人が増えるだろう。

また、自分でクルマを所有しなくなっても、無人タクシーサービスの運用会社に、自宅の車庫を充電ステーションとして貸し出す消費者も出てくる可能性がある。このように、近未来の住宅では、車庫に非接触充電の設備を備えるケースが増えるだろう。

もう一つ、自家用車の所有を続ける消費者がなくならない理由は、災害への備えである。災害時に停電しても自宅で使う電力を確保したいという潜在的なニーズは高い。かといって非常用だけに大容量の電池を備えるのは投資として効率が悪い。

今後、ＥＶに搭載される電池の容量は、現在の20ｋＷｈ程度から、車種によっては50～60ｋＷｈという大容量化が進む。これは一般家庭の電力消費量の5～6日分に当たる。自宅とＥＶをつないで、常にＥＶの電池を満タンにしつつ、太陽電池発電と系統電力のバランスを取りながら、家庭の電気料金を最低にするように制御するコンディショナーを備える住宅も増加するだろう。

【飲食・小売業界】立地によるハンディの解消

観光産業のところでも触れたように、自動運転車の普及は、小売産業の立地を劇的に変える可能性がある。

無人タクシーが普及すれば、公共交通機関が通っていない場所にも低コストで移動できるようになるからだ。そうなれば、小売店舗の立地によるハンディキャップはかなり解消されるだろう。

ここで発想のヒントになるのは、エレベーターの発明である。かつて19世紀には、建物の上層階に住むのは所得の低い層だった。長い階段を上るのが大変だったからだ。そしてその分、家賃も低く設定されていた。

ところがエレベーターが発明されると、事態は劇的に変わった。1920年代になると、集合住宅では上層階ほど家賃が高く設定されるようになった。つまり、低層階と高層階の価値が逆転し、高層階の価値が高くなったのである。

この結果、富裕層の住居や会社の重役室は、より上層階に設置されるようになる。この傾向は現在も続いており、タワーマンションでも眺望の優れる上層階ほど価格が高く設定されている。

また、かつてのエレベーターは、現在のようにボタンを押せば指定の階に止まる自動式のものではなく、目的の階に近づくと同乗しているエレベーターボーイが手動で、しかも目視で位置を調整してかごを停止させていた。話がやや横道にそれるが、動力を使った最初のエレベーターは蒸気力を利用していたということだ。

また、初期のエレベーターはかごを吊っているロープの切断による落下の危険性があり、便利さの半面、利用者は常に墜落の恐怖にさらされていたという。

その後、ロープが切れると自動的に停止するブレーキが発明され、安全性は飛躍的に向上し、動力は電動化され、さらにボタンを押せば利用者を自動的に目的階に連れて行ってくれるようになった。内燃機関のクルマに自動ブレーキが装備され、パワートレーンが電動化され、さらには自動運転になるという流れは、まるでエレベーターの進化の軌跡をたどっているようだ。

このエレベーターの例えを延長して考えると、自動運転車によって店までの移動距離があまり問題でなくなれば、店の立地は街中よりも、景観の優れる郊外に店を構えるほうが、優先度としては高まるようになることも考えられる。

自動運転車はいわば街の中を水平方向に移動するエレベーターのような存在になり、土地利用の価値判断を現在とは逆転させてしまう可能性を秘めている。

第三章

異業種が入り乱れての開発競争

ビジネスモデルが変化する時は、主役交代のチャンスだ。完成車メーカーは、主役の座から追い落とされないように、エレクトロニクス関連部品の強化を進めたり、関連分野のベンチャー企業への出資するなど防戦に懸命だ。一方、攻め込むのはIT企業、デバイスメーカーだけでなく、メガサプライヤーと呼ばれる大手自動車部品メーカーも主役の座を虎視眈々と狙う。周辺に拡大する新ビジネスを巡ってベンチャー企業の参入も活発化している。自動運転ビジネスを巡る主要プレーヤーの動きを追う。

第一節

完成車メーカーの戦略

自動運転車の開発では、完成車メーカーのみならず、米国のＩＴ系企業を中心に、新しいビジネスモデルを構築しようとする動きが活発化している。自動車部品メーカーでも、こうした動きに対応すべく、これまでのエンジンやシャシー部品中心の事業展開から、エレクトロニクス関連部品の強化を急速に進めている。この過程で、自社の技術力が足りないところを補うためのＭ＆Ａ（合併・買収）が活発化しているほか、人工知能、センサーなどの新しい技術分野でも、ベンチャー企業への出資や買収などを積極的に進めている。この第三章では、現在の自動運転における主要なプレーヤーの動向を紹介する。

【ドイツ・ダイムラー】　１００㎞を自動走行

ダイムラーは、自動車の販売台数では世界第10位であるが、1台当たりの単価が高いため、売上高では、トヨタ自動車、フォルクスワーゲン（ＶＷ）に次ぐ世界第3位のメーカーで、販売台数第3位のＧＭをしのぐ。自動運転技術の開発にも非常に熱心に取り組んでいるメーカーである。

また、同社の特徴としては、高級車メーカーであるにもかかわらず、世界の完成車メーカーの中で、いち早く「完全自動運転」に対応する姿勢を示したことが挙げられる。同社が２０１５年１月に発表したコンセプトカー「F 015 Luxury in Motion」は、完全自動モード時には運転席を後ろ向きにし、後部座席と向かい合わせになる車両レイアウトを採用しており、また同コンセプトカーのプロモーションムービーを見ても、無人運転や、完全自動運転が可能であることを強調している。さらに市販車においても、他社に先駆けて積極的に新機能を取り入れている。

ダイムラーの自動運転車開発においてエポックメーキングだったのは、２０１３年８月に、自動運転の実験車両「S500 Intelligent Drive」で、ドイツ・マンハイム〜プフォルツハイム間の約１００㎞にわたる一般道路走行を実施したことだ。同社の最高級車Ｓクラスに搭載されている技術を発展させ、レーザーレーダー（LiDAR）なども追加して周囲の物体認知を可能にした。

２０１４年９月には、ハノーバー・モーターショーにおいて、世界初の自動運転トラックのコンセプトカー「Future Truck 2025」を発表した。車両の周辺監視のためにミリ波レーダーとステレオカメラを搭載していた。自動運転モード時には、ドライバーは椅子を横に45度回転させてリラックスした姿勢を取ることができる。

２０１５年1月に、米国ラスベガスで開催された家電見本市「ＣＥＳ ２０１５」では、完全自動運転を想定したコンセプトカー「F 015 Luxury in Motion」を発表した。ステレオカメラやレーダー、超音波センサーを搭載して車両周囲の物体を検知する仕組みだ。先ほども触れたように、自動運転モードでは運転席を反転させて、前部シートと後部シートを向かい合わせにすることが可能。またドア内面には大型のディスプレイが取り付けられていて、映画などを楽しむことができる。

▨ 市販車でも先進機能

こうしたコンセプト車だけでなく、市販車でも先進的な機能を搭載している。２０１６年4月に欧州で、7月からは日本でも発売した新型「Ｅクラス」からは、同社として最も進化した運転支援システム「ドライブパイロット」を搭載するようになった。これは、高速道路で単一の車線を走行する際のステアリング操作をアシストする機能である。6個のミリ波レーダー、1個のステレオカメラ、12個の超音波センサーを備えている。他社が

図3-1　CES 2015に出展したコンセプトカー「F 015 Luxury in Motion」

自動運転モードでは運転席を反転させて前部シートと後部シートを向かい合わせにすることが可能（写真：ダイムラー）

同様の機能を単眼カメラ1個、あるいは単眼カメラとミリ波レーダーの組み合わせで実現しているのに比べると、かなり「重装備」なのが特徴だ。

ドライブパイロットが他社のシステムに比べて進んでいるのが、車線を認識する機能だ。たとえ車線が不明瞭でも、車両やガードレールなど、車線と平行に位置する物体を常に監視することで、ステアリング操作の補助が可能になった。ただし、他社のシステムと同様に、一定時間ステアリングから手を離すと、ステアリング操作の補助機能は解除される。

また、このシステムの作動中に、高速道路上で自動停止した場合でも、30秒以内であれば自動再発進ができる。他社のシステムでは3秒程度でシステムが解除されてしまうのに比べると長く、渋滞時のドライバーの疲労低減につながる。

新型Eクラスでは、米テスラの「モデルS」に次いで世界で2番目に、ドライバーがウインカーレバーを操作すると自動的に車線変更する「アクティブレーンチェンジングアシスト」をダイムラーとしては初めて導入した。ドライバーがウインカーを2秒以上点滅させると、移りたい車線に車両がいないことを確認した後に、自動で車線変更する。テスラのシステムでは、検知距離が短い超音波センサーで安全確認をしていたが、ダイムラーのシステムでは、より検知距離の長いミリ波レーダーで車両がいないことを確認するので、テスラのシステムよりも信頼性が高いといえる。

ドイツ3社でHEREを買収

他社との提携で注目されるのは、2013年9月に、フィンランド・ノキアから自動車用地図部門であるHEREをドイツ・BMW、アウディと共同で、31億ドルで買収したことだ。自動運転車の実現には、3Dのデジタル地図が欠かせないが、その構築の要となるHEREを買収したところに、自動運転技術にかけるダイムラーの本気度が伺える。

ダイムラーは今後、2020年までに高速道路（高速走行時）での自動運転、2025年までに公道・一般道での自動運転の実現を目指すことを公表している。またトラックでも、2025年には隊列走行（先頭のトラックだけにドライバーが乗り、2台目、3台目の車両は自動的に追従走行すること）などの機能を搭載したトラックの市場投入を計画している。

【BMW】2021年までに完全自動運転車の量産を目指す

BMWは、年間の生産台数が約237万台（2016年度）と企業規模はそれほど大きくないため、他社と協力しながら自動運転技術の開発に取り組む姿勢を鮮明にしている。2009年以降、独自に開発した自動運転の実験車両を使い、公道実験を含めた試験走行をしてきたが、2013年3月には、大手自動車部品メーカーのコンチネンタルと共同で自動運転技術の開発に取り組むと発表した。両社は、2020年までに欧州の高速道路における自動運転の実用化と、2025年からの全自動運転の実用化を目指すとしている。

2016年6月には米インテル、ADAS用の画像認識半導体の開発を手がけるイスラエル・モービルアイ（その後2017年3月にインテルが買収を発表）の3社で、自動運転車と未来のモビリティの開発に共同で取り組み、2021年までに高度な自動運転（レベル3）、

図3-2　2021年までに完全自動運転車（レベル4）の量産を目指す

BMWは米インテルやイスラエル・モービルアイと共同で開発に取り組む（写真:BMW）

および完全自動運転車（レベル４）の量産を目指すと発表した。

自動運転車のレベルについては第四章で詳しく説明するが、レベル２の自動運転では人間のドライバーが、自動運転システムが正常に動作していることを常時監視する必要がある。それに対し、レベル３やレベル４ではその必要がない。それが大きな違いだ。また、レベル３では、システムの要請によって人間が運転を代わる必要があるが、レベル４では、速度や自動運転エリアに制限はあるものの、運転を代わる局面はない。

ＢＭＷが２０２１年までに量産を

目指しているのは「iNEXT」と呼ぶ完全自動運転車。高速道路だけでなく、市街地での自動走行も可能で、個人所有の車両ではなく、ライドシェアリングサービス向けの車両だ。最終的には「無人運転」（レベル5とも呼ばれる）の実現を目指している。

3社はレベル3からレベル5にレベルアップするための自動運転のオープンプラットフォームの開発を目指している。また、完成車メーカーだけでなく、自律的な装置やディープラーニングを利用する他業種にも提供する。3社は高度な自動運転（レベル3と考えられる）が可能な実験車両による試験走行を2017年に始める予定だ。

一方、個人所有の車両での自動運転の実用化スケジュールは、2020年までに高速道路での自動運転、2025年までに公道・一般道での完全自動運転の実現を目指している。ただし、ここでいう自動運転がどのレベルを指すのかは明らかにしていない。

【フォルクスワーゲン（VW）】無人タクシーとしての使用を想定

VWは、VW本体が自動駐車機能、グループの高級車メーカーであるアウディが自動運転技術といった具合に、グループ内で自動運転技術を分担して開発している。VWグループは、ドイツの中ではダイムラーと並んで積極的に自動運転の開発に取り組んでいる完成車メーカーだ。2010年11月には、米国コロラド州のパイクスピークにおいて、「アウディTTS」をベースとした試作車（通称Shelley）の自動走行試験を実施したほか、2014年10月には「アウディRS7」をベースとした試作車「Piloted Driving Concept」を発表し、ドイツのサーキットを最高時速240㎞で自動走行するデモンストレーション走行も実施した。

2015年1月に米国ラスベガスで開催された家電見本市「CES 2015」においては、アウディA7スポーツバックをベースとした自動運転の実験車両で、シリコンバレーからラスベガスまで、約500マイルにわたる長距離自動走行テストを実施した。

さらに2017年3月に開催されたジュネーブ・モーターショーでは、本書でいう無人タクシーのコンセプト車「SEDRIC（セドリック）」を発表した。この車両は「レベル5」に相当する完全自動運転を想定したもので、タクシーやシャトルバスとして使用することを想定している（自動運転のレベル5については第四章で詳しく解説する）。

SEDRICは観音開きのスライドドアを備え、室内には、向い合わせに配置された4人分のシートが用意されている。またフロント周りには、歩行者や他の車両とコミュニケーションを取るためのディスプレイが搭載されている。VWのEV専用プラットフォー

図3-3　VWが2017年3月のジュネーブ・モーターショーに出展したコンセプト車「SEDRIC(セドリック)」

「無人タクシー」としての利用を想定している(写真:VW)

ム「ＭＥＢ」をベースとして作られているのも特徴だ。

これまで大手完成車メーカーは、完全自動運転車でも自家用車を前提とした開発を進めてきたが、無人タクシーとしての使用を想定した完全自動運転車の発表は今回のＳＥＤＲＩＣが初めてだ。トヨタと並ぶ世界最大の完成車メーカーであるＶＷが、完全自動運転機能を備えた無人タクシーを視野に入れ始めたことは、自動車産業の大きな転換点を象徴する。

モービルアイと提携

もっとも、ＶＷほどの大企業でも、すべての開発を自社で手がけることはできず、大学や他社との協力・提携にも積極的だ。大学では米スタンフォード大学と関係が深く、2009年10月に同大学内にVAIL（フォルクスワーゲン自動車イノベーション研究所）を設置している。先に紹介した、2010年にパイクスピークで走行した自動運転車両はスタンフォード大学と共同で開発したものだ。

2016年1月には、VWは先ほども登場したモービルアイと合弁会社を設立する契約を交わした。合弁会社の目的は、カメラをベースとしたリアルタイム画像処理技術の開発である。この技術を搭載したフロントカメラを将来のVWの車両に搭載し、走りながら周囲の3Dデジタル地図を生成する。このデジタル地図の情報をセンターに集約することで、常に最新の地図情報を生成することを狙っている。この技術を搭載した車両が増加すれば、広い範囲で、常に更新された地図情報を自動的に生成できることになる。

このほか、重要な動きとして、2016年5月にイスラエルのライドシェア会社であるゲットに出資したことが挙げられる。第一章で触れたように、今後完全自動運転車が普及すると、クルマは「所有するもの」から「必要なときに呼び出して使うもの」への移行が進むと見られる。こうした流れに、完成車メーカーとして対応する動きとして注目できる。

一方市販車では、VWグループの高級車メーカーであるアウディが2017年秋に発売する新型A8に「レベル3」の自動運転機能を搭載すると発表した。レベル3は、車両周辺の危険やシステムの動作状況をドライバーが常時監視する必要がない段階で、この機能を搭載した市販車は世界で初めてになる。A8が搭載するのは、高速道路の交通渋滞時（時速60㎞以下）でレベル3の自動運転が可能な機能だ。現在の法規では、たとえ常時監視が不要なレベル3の機能を備えていても、運転者が新聞を読んだり、コーヒーを飲んだりといった、運転以外の作業、いわゆる「セカンドタスク」をすることは許されていない。

ただしアウディによれば、車載ディスプレイなど、クルマの機能に統合された端末でメールを読む程度は、前方から視線を外しても問題ないという方向で米国、欧州の当局とは既に合意しているという。レベル3の自動運転では、機械では対処できないような状況になったときに、人間に運転を戻すことになっている。この機械から人間への運転の移譲には危険が多いという指摘が多い。これに対して、同じセカンドタスクでもクルマのディスプレイを見ているような作業であれば、手動運転が必要になる緊急時には、映像を切り替えて、スムーズに移行できると考えられるからだ。

現在、道路交通法でレベル3相当の自動運転が認められているのは、ドイツと米国のフロリダ州だけだが、ドイツでも現在、新型A8の自動運転機能が安全基準を満たしているかどうかについて、規格審査当局が審査中で、この承認が下りなければレベル3の自動運転機能は利用できない。実際にレベル3の自動運転が利用できるようになるのは2018年に入ってからになりそうだ。

【ゼネラル・モーターズ（GM）】アーバン・チャレンジで世界の表舞台におどり出た

米ゼネラル・モーターズ（GM）は米国最大の自動車メーカーであり、米国では最も積極的に自動運転技術の開発に取り組むメーカーといえる。同社が自動運転の世界で表舞台に出てきたのは、2008年に実施された自動運転車レースの「アーバン・チャレンジ」（第四章で詳しく解説する）である。同社の大型スポーツ・ユーティリティ・ビークル（SUV）の「タホ」をベースとした自動運転車をカーネギーメロン大学と共同で開発し、見事優勝したのである。それ以来、カーネギーメロン大学とは密接な関係を保ちつつ自動運転技術の開発に取り組んでいる。

また同社は、新しい形のモビリティの検討にも熱心で、2009年4月のニューヨーク・モーターショーでは米セグウェイと共同開発した自動運転機能搭載の小型2輪EV「P.U.M.A.」を、また2010年5月の上海万博では中国での合弁先である上海汽車と共同開発した自動運転機能搭載の2人乗り都市向け電動コンセプトカー「En-V」を展示した。

最近の目立つ動きとしては2016年3月に、自動運転車関連の技術を開発する米国のベンチャーであるクルーズ・オートメーションを買収することで合意したことが挙げられる。クルーズ・オートメーションはもともと、自動運転機能を「後付け」できるキットの開発を手がけており、GMは同社の自動運転開発技術に注目して買収を決めたと見られている。買収金額は明らかになっていないが、従業員40人程度の企業であるにもかかわらず、10億ドルに上るという推測もある。また、研究開発ではないが、VWがライドシェアのゲットに出資したのと同様にGMも米国のライドシェア大手であるリフトに出資し、クルマの「オンデマンド化」に備えているのも注目される動きだ。

2017年秋から市販車に搭載

市販車向けの技術としては、米国の完成車メーカーとしては初めて、2017年秋から高速道路での自動運転機能「スーパークルーズ」を商品化すると発表した。同社の最高級セダン「キャディラックCT6」の2018年モデルにこの機能を標準搭載する。スーパークルーズは、高速道路の単一レーンを自動走行するという機能そのものは、すでに他社が実用化している自動運転システムと同様だが、二つの点で画期的な特徴を備えている。それは他社のシステムと異なり、ドライバーをモニタリングするカメラを備えている点と、正確な３Ｄデジタル地図データを備えていることだ。

他社の自動運転システムでは、自動運転モード時もドライバーが前方への注意を怠らないように、ステアリングの自動操作機能が動作中も、ステアリングからドライバーが手を離すと警告を発し、それでも一定時間以上ドライバーがステアリングに手を戻さない場合、自動運転モードが解除される。

これに対してスーパークルーズでは、ステアリングコラムの上部に小型カメラを備えており、赤外線でドライバーの頭の位置を検知して、ドライバーが正面を向いているかどうかを常にモニターしている。正面を向いている場合には、ステアリングから手を離していても自動運転モードは解除されない。

一方で、もしドライバーが前方から目を離していると判断した場合には、警告を発する。それでもドライバーが正面に視線を戻さない場合には、ドライバーに異常が発生したと判断し、自動運転機能を利用して車両を停止させ、センターに通報する機能を備えている。

もう一つの特徴は、３Ｄデジタル地図データを備えていることだ。他社が現在市販してい

図3-4　米GMは2017年秋から高速道路での自動運転機能「スーパークルーズ」を商品化する（写真：GM）

る自動運転機能は地図を使わず、カメラ、レーダー、LiDARなどのセンサー情報に頼っている。これに対してスーパークルーズでは正確な地図データを内蔵しているので、カメラやＧＰＳセンサーからのリアルタイムデータと組み合わせることで、カーブや丘を通る場合の車両制御の精度が向上するという。

この高度な地図データは、スーパークルーズの使用を、特定の「入口」や「出口」を備えた高速道路に限定し、一般道路では使用できないように制限する目的にも使われる。このように、ＧＭが２０１７年秋から実用化するスーパークルーズは、現在までに市販されている自動運転システムの中で、最も高度な機能を備えたものといえる。

【ボルボ・カーズ】ウーバーと共同でベース車両を開発

スウェーデン・ボルボ・カーズは、年間の生産台数が約50万台という小規模な完成車メーカーだが、歴史的に高度な安全性を追求してきた点に特徴があり、その延長線上で、自動運転技術の開発にも力を入れている。

小規模なメーカーであるだけに、同社もすべてを自社で手がけることはできず、完全自動運転車の開発に向けて、他社との連携に活路を見いだしており、現在二つの提携事業に取り組んでいる。一つはウーバーとの提携、そしてもう一つは、大手自動車安全部品メーカーのスウェーデン・オートリブとの提携である。

ウーバーとの提携では2016年8月に、両社で3億ドルを投資し、両社の最新の自動運転技術を盛り込んだベース車両を共同で開発すると発表した。車両の製造をボルボが担当する。この共通のベース車両を用いて、ボルボとウーバーはそれぞれ、完全自動運転を目指した次世代の自動運転車を開発する。両社は今回の提携を長期の提携としており、将来の共同事業にも含みをもたせている。

一方、オートリブとの提携では、先進運転支援システム（ADAS）および自動運転ソ

図3-5　ボルボとウーバーが共同開発した実験車両

2016年12月から米サンフランシスコで公道実験を開始した（写真：ボルボ）

フトウエア開発のための合弁会社を設立した。合弁会社の操業開始は2017年で、当初の人員は200人。これを中期的には600人に増強する。開発した技術はボルボで使うだけでなく、オートリブを通して世界の自動車メーカーに向けて販売し、利益は両社で折半する。両社は最初のADAS関連製品を2019年に、自動運転技術に関しては2021年に商品化することを目指している。

ボルボは、ウーバーとの提携とは別に「Drive Me」と呼ぶ公道での自動運転車の走行実験プログラムを計画している。2017年から100台の自動運転の実験車両を、スウェーデン・ヨーテボリ市内の路上で走行させるというものだ。このプロジェクトにはスウェーデン運輸省や、スウェーデンのリンドホルメン・サイエンスパーク、スウェーデン・チャルマース工科大学、オートリブも協力している。試験走行に参加するのは市民から選ばれた100人。最初の試験では、通勤幹線道路、渋滞する市内の中心地、高速道路など、約50kmの公道を走行する計画だ。

【フォード・モーター】急ピッチで巻き返しを図る

フォード・モーターは、GM、VWなどに比べて自動運転分野では後れをとっていたが、このところ急ピッチで巻き返しを図っている。同社は、2013年12月に、米ミシガン大学および米国の大手保険会社であるステートファームと共同開発した「フュージョン・ハイブリッド」ベースの実験車両を発表したほかは、2015年7月にミシガン大学の自動運転車用テストコース「モビリティ・トランスフォーメーション・センター」に100万ドルの資金提供をした程度で、目立った発表はなかった。

ところが同社は2016年8月になって、2021年にライドシェア向けに「レベル4」の完全自動運転車の量産を始めると発表した。実行に向け、スタートアップ企業4社

図3-6　フォードの自動運転実験車両（写真：フォード）

に投資するほか、シリコンバレーの開発拠点で研究開発の人員を倍増するという。量産する自動運転車を同社は「Ford Smart Mobility」の一環として位置づけている。

同社が目指しているのは、ハンドル、ブレーキ、アクセルを操作する必要がない完全な自動運転車で、地理的に閉鎖されたエリアでのライドシェア向けに量産する。このために、同社は２０１６年内に自動運転の実験車両を3倍の30台に増やした。

一方、スタートアップ企業4社への投資の内容は、LiDARメーカーの米ベロダインに出資するほか、コンピュータービジョンや機械学習を手がけるイスラエルSAIPSの買収、コンピュータービジョン技術を手がけるNirenberg Neuroscienceとの独占的なライセンス契約、高解像度の3Dデジタル地図を手がける米Civil Mapsへの出資だ。シリコンバレーのパロアルトにある研究施設も、人員を現在の約130人から、2017年末までに倍増する。

自動運転ベンチャーにも投資

さらに2017年になって、フォードは人工知能ベンチャーのアルゴAIに今後5年間で10億ドルを投資すると発表した。アルゴAIは、元グーグルとウーバーの技術者によって設立されたベンチャーで、フォードのエンジニアと協力しながら、2021年にフォードが実用化を目指している完全自動運転車向けの新しいソフトウエアプラットフォームを開発する。開発したソフトウエアプラットフォームは、2021年には他社にライセンス供与することも視野に入れている。フォードはアルゴAIの株式の大半を所有するが買収せず、アルゴAIは引き続き独立して運営される。2017年末時点でのアルゴAIの社員は200人以上と見られている。

【トヨタ自動車】〝手放し走行〟を公開

トヨタ自動車は、2008年に実施された自動運転車のレース「アーバン・チャレンジ」を見て、自動運転技術が今後の重要なトレンドになると判断し、開発を開始した。そして、2013年1月に米ラスベガスで開催された家電見本市「CES 2013」で、日本の完成車メーカーとしては初めて自動運転機能を搭載した実験車両を公開したのである。

この車両は、同社の最高級車「レクサスLS」のハイブリッド仕様をベースとしたもので、LiDARやカメラ、ミリ波レーダーなどを搭載して自動運転機能を実現していた。ただしこの時点では、同社はこの実験車両について「人間をサポートする技術を開発するためのもので、自動運転を目指した車両ではない」と強調していた。

同社はその後、2013年10月に東京ビッグサイトで開催された「第20回 ITS(Intelligent Transport Systems:高度道路交通システム)世界会議 東京2013」に先立ち、報道関係者を公道での自動運転車デモ走行に同乗させた。

クルマを知能化することによって、安全性の向上や環境負荷の低減、都市交通の効率化などが達成されることが期待できる。ITS世界会議は、このようなクルマの知能化がもたらす成果を、世界の完成車メーカーや部品メーカー、大学、研究機関などが発表する会議で、関連する技術の展示会も併設される。日本で開催されるのは、名古屋で開かれた2004年の第11回以来9年ぶりである。

トヨタが報道関係者を同乗させたのは、アクセル、ブレーキ操作に加えて、ステアリング操作まで自動化した「レクサスGS」をベースとした実験車両だ。車線変更をすることはできないが、同一の車線を、先行する車両との距離を保ちながら、カーブに沿って自動走行できる。

レーダーやカメラで、先行する車両との距離や車線を認識するのに加えて、先行車両と無線で通信することにより、前のクルマがブレーキをかけると、自分の車両もまったく同じタイミングでブレーキをかける機能を備えている。デモ走行では、運転席に座るトヨタの説明員が、首都高速道路を手放し走行して、助手席に座る報道関係者を驚かせた。

その約1年後の2014年9月に米国デトロイトで開催された第21回ITS世界会議では、同じ「レクサスGS」をベースとした新たな実験車両を公開、併せて自社開発のLiDARなどの要素技術も発表した。しかし、大きなターニングポイントは、さらにその1年数カ月後の2016年1月にやってきた。自動運転の開発方針を、これまでの「人間をサポートする技術」から「無人運転を目指す」という方向へと大きく転換したのである。

その発言は、2016年1月に開催された自動運転関連のセミナーで登壇したトヨタの技術者が「自動運転技術に対するトヨタの考え方」を説明したときに飛び出した。説明した「考え方」には、以下のような4項目があった。

(1)「すべての人」に「移動の自由」を提供する
(2)ドライバーが運転したいときに運転を楽しめない車は作らない
(3)運転したくないとき、できないときは安心して車に任せることができる
(4)「モビリティ・チームメイト・コンセプト」のもと、人と車が協調する自動運転を作る

講演した技術者は「完全自動運転」という言葉こそ使わなかったものの、「すべての人に移動の自由」を提供するという方針は、免許を持たない人も、身体に障がいを負った人も、あるいは子供や高齢者など、自分ではクルマを運転できない人にも移動の自由を提供するということであり、それが無人運転を意味することは明白だ。

人間の状態を推定する

もっとも、完全自動運転の実用化までには、まだ時間がかかることはトヨタも承知している。しばらくは人間とクルマが協調して運転する時代は続く。人間は、自動運転システムが正常に動作しているかどうか、監視の義務を負う。この負荷を減らしていかなければ、自動運転機能の利用者は「自分で運転するよ」ということになりかねない。このため、トヨタは自動運転時代のＨＭＩ（ヒューマン・マシン・インタフェース）がどうあるべきかについても検討している。その成果を盛り込んだコンセプトカーを２０１７年1月に開催されたＣＥＳ２０１７に出展した。その名は「Concept-愛i」という。

このコンセプト車はドライバーの顔の表情や動作、声の調子、心拍数などの生体データ（ウエアラブルデバイスなどから収集することを想定）などをデータ化して、ドライバーの状態を推定する機能を備えるほか、ユーザーが「フェイスブック」「ツイッター」などのＳＮＳでどんな情報を発信しているか、などの情報からユーザーの嗜好を推定する。

このようにして得たドライバーの状態や嗜好についての理解を、安全性や快適性の向上に生かす。具体的には、ドライバーの感情が不安定だったり、疲労が溜まっていたり、眠

図3-7　トヨタ自動車がCES 2017に出展したコンセプトカー「Concept-愛i」
（写真：筆者撮影）

そうだと推定された場合には、室内の色彩を調節したり、精神状態に合わせた音楽を流したりする。

またドライバーの嗜好を基に、ドライバーの興味のありそうなニュースを紹介したり、少し遠回りになっても、ドライバーの関心のありそうな場所を巡るルートを提案したりして、ドライバーに「新たな体験をもたらす」ことを狙っている。

このようにドライバーに関心のありそうな情報を伝えることは、人間の覚醒度を増し、注意力の低下を防ぐので、安全性の向上にもつながる。このコンセプトカーに盛り込まれた機能はまだ完成しているわけではなく、要素技術を研究している段階だ。しかしトヨタは、今後数年内に今回このコンセプトカーに盛り込んだ技術の一部を搭載した実験車両を使い、公道で実証実験をする予定だ。

人工知能研究の子会社を設立

一方で、自動運転技術の進化に必要な人工知能技術を強化するため、トヨタは2016年1月、米シリコンバレーに人工知能技術の研究・開発を行うための新会社「TOYOTA RESEARCH INSTITUTE, INC.」（TRI）を設立し、5年間で約10億ドルを投資すると発表した。

TRIの最高経営責任者（CEO）には、トヨタのエグゼクティブ・テクニカル・アドバイザーを務めるギル・プラット氏が就任した。同氏は2010〜2015年にDARPA（国防総省・国防高等研究計画局）の企画責任者を務め、ロボット技術の競技大会「ロボティックス・チャレンジ」を推進した。

DARPAは、2004年から2008年にかけて自動運転レース「グランド・チャレンジ」「アーバン・チャレンジ」を実施し、現在の自動運転技術の発展のきっかけを作った組織だ（グランド・チャレンジとアーバン・チャレンジについては第四章で詳しく解説する）。この分野に豊富な人脈を持つことを評価し、同氏をトヨタがＴＲＩの責任者にスカウトした。ＴＲＩは２０１７年３月、同研究所が開発を手がけた新型の自動運転実験車両を公開した。

【日産自動車】一般道路での実用化スケジュールを発表

日産自動車も、日本の完成車メーカーとしてはトヨタと並んで早くから自動運転の開発に取り組んできた企業だ。同社が自動運転の分野で注目されたのは、２０１３年８月に「２０２０年までに複数車種で自動運転技術を搭載する」と表明すると同時に、将来の自動運転に向けた実験車両を公開したことだ。

同社はこの時期に、新型車や新技術を世界の報道関係者に公開する大規模イベント「Nissan 360」を開催しており、この中で、自動運転の実用化と自動運転技術を搭載した実験車両を世界に向けて発表した。日本の完成車メーカーで、自動運転技術の実用化スケジュールを表明したのは同社が最初である。

日産自動車は、その発表に先立つ２０１２年10月に幕張メッセで開催されたエレクトロニクス関連の展示会「ＣＥＡＴＥＣ ２０１２」で、自動運転の実験車両をすでに公開していた。しかし、このときに公開したのは、駐車場の入口で人間が降りると、駐車場内を自動的に走行し、駐車場所を見つけ、自動的に駐車する、という機能に限られていた。

それに比べると、日産がNissan 360で公開した実験車両は、高速道路、および一般道路での自動運転を可能にしたもので、自動化のレベルが格段に向上していた。

2014年7月になると、同社のカルロス・ゴーン社長（当時）はさらに大胆な発表をした。世界の完成車メーカーに先駆けて、一般道路での自動運転の実用化スケジュールを明らかにしたのだ。その内容は次のようなものである。

（1）2016年末までに、混雑した高速道路上で安全な自動運転を可能にする技術「トラフィック・ジャム・パイロット」を市場投入するとともに、車庫入れの際、運転操作が不要な「自動駐車システム」を幅広いモデルに導入する。
（2）2018年に、危険回避や車線変更を自動的に行う「複数レーンでの自動運転技術」を導入する。
（3）2020年までには、運転者の操作介入なしに、十字路や交差点を自動的に横断できる「交差点での自動運転技術」を導入する。

この中で重要なのは（3）の、「十字路や交差点を自動的に横断できる」機能の実用化を明らかにしたことだ。十字路や交差点は高速道路にはないから、この内容が一般道路での自動運転を意味することは明白だ。信号のある交差点を通過するためには様々な難しい「判断」が求められる。例えば自分の車線が青信号でも、交差する道路から信号の変わり際に進入してくる車両はあるし、対向車線から右折してくるクルマもある。逆に、自分の車両が右折するときには、直進車両がいないかどうか、横断歩道を渡っている歩行者がいないかどうかの確認も必要だ。

あるいは、右折しようとして右折車線で待っているときに、対向車線のクルマが譲ってくれたり、横断歩道で歩行者が立ち止まってクルマの通過を待っていたりといった、自動運転車には判断が難しい場面も想定される。信号のある交差点でもこうなのだから、信号のない「十字路」の通過はさらにハードルが高い。

まず高速道路の自動運転を実用化

ゴーン社長の「公約」を守るべく、日産は2016年8月、自動運転技術の実用化第1

弾となる技術を「プロパイロット1・0」という名称で商品化した。搭載した車種は新型「セレナ」で、高速道路の単一車線での自動運転機能を備えている。プロパイロット1・0が業界を驚かせたのは、単眼カメラだけでその機能を実現するシステムになっていたからだ。他社では同様の機能を実現するのに、二つのカメラを並べたステレオカメラ、あるいは単眼カメラとミリ波レーダーなど複数のセンサーを組み合わせる場合が多い。単眼カメラで自動運転機能を実現するのに日産が使っているのがBMWやVWのところでも出てきたモービルアイの画像処理半導体だ。単眼カメラからの画像を処理して、物体との距離や、その物体が何であるかを判定する機能を備えている。

今回日産が新型セレナに搭載したプロパイロット1・0が備えている機能は、渋滞走行と、単一レーンでの高速巡航走行の二つのシーンで、ステアリング、ブレーキ、アクセルのすべてを自動的に操作するというものだ。巡航走行では、ドライバーが設定した車速（約30～100km／h）内で、先行車両との車間距離を一定に保つよう制御することに加え、車線中央を走行するようにステアリング操作を支援する。

一方、渋滞走行では、先行車両が停車した場合に①システムが自動的にブレーキをかけて停車。②車両が完全に停止した場合にドライバーがブレーキを踏まなくても停止状態を保持。③先行車両が発進した際は、ドライバーがレジュームスイッチを押すかアクセルペダルを軽く踏むと追従走行を再開（停車時間が3秒以内であれば、ドライバーがなにもしなくても再発進）――という機能を備える。ただし、いずれの場合でも、ドライバーはステアリングに軽く手を添えている必要がある。

完全自動運転を目指す

日産はトヨタと異なり、当初から将来の目標として完全自動運転を掲げている。2015年秋の東京モーターショーでは、同社のビジョンを具現化したコンセプトカー「IDS Concept」を出展した。同コンセプトカーの特徴は、マニュアルドライブモードとパイロットドライブモードの二つのモードを用意したことだ。マニュアルドライブモードは、常にドライバーが自動運転システムの運転状況を監視する「レベル2」に相当する。一方、パイロットドライブモードは運転操作をすべてクルマに任せる「レベル4」に相当。つまり、その間にある「レベル3」に相当する運転モードがないわけだ。

マニュアルドライブモードでは、運転者は正面のメーターを見ながらステアリングを握るので、現状と変わらない運転スタイルになる。一方、パイロットドライブモードでは、

図3-8　プロパイロット1.0を採用した新型「セレナ」（写真：日産自動車）

ステアリングは収納され、代わりにタブレット端末のようなディスプレイや大きなディスプレイが出てきて、スピードや電力残量などクルマの現状を知らせる。乗員同士がコミュニケーションを取りやすくするために、四つあるシートはやや内向きになる。

日産が今回のコンセプトカーに「レベル3」を設定しなかったのは、設定が困難だからだ。「レベル3」は、機械が対処できない状況になった場合に、人間が運転を代わるというものだが、実際に、クルマから急に運転を代わってくれと言われたらどうだろうか。状況を把握し、適切な判断を下し、正しく危険回避の行動を取ることなど、実施はかなり困難だと考えられる。こうした点まで考慮したコンセプトカーを公開したのは、2017年4月時点では日産だけだ。

日産は、自動運転技術に関して、先に挙げたモービルアイのほかにも、米マサチューセッツ工科大学（MIT）やスタンフォード大学、カーネギーメロン大学、英オックスフォード大学、東京大学など多くの研究機関と共同開発を行っているとしているが、具体的な研究内容は公開していない。また、2015年1月には、米航空宇宙局（NASA）との提携を発表した。これは、自動運転システムやHMI、ネットワーク対応アプリケーション、ソフトウエアの分析・実証などの技術開発に取り組むためだ。

【ホンダ】パーソナルカーユースでの実用化時期を発表

ホンダは、「アシモ」など、これまでに培ってきたロボット技術を生かして自動運転技術の開発に取り組んでいる。2013年10月のITS世界会議東京では「アコード」をベースとした自動運転の実験車両を公開したほか、2014年9月のITS世界会議デトロイトでは「アキュラRLX（日本名レジェンド）」をベースとした試作車の公道での自動走行テストをした。今後の実用化のスケジュールに関しては、2020年までに高速道路（高速走行時）での自動運転および自動駐車の実現を目指している。

２０１７年６月に栃木で開催した報道関係者向けのイベント「Honda Meeting 2017」では、２０２０年に実用化する自動運転のイメージをより明確にした。具体的には、高速道路で、車線変更を含む機能を備えた自動運転技術を実用化することに加え、渋滞時にドライバーがレベル３の自動運転の実用化を目指すことを表明した。レベル３の実用化時期を表明したのはホンダが国内メーカーでは初めてだ。

さらに注目されるのが、レベル４の自動運転を、２０２５年をめどに実用化すると表明したことだ。前述のように、レベル４の自動運転の実用化については、ＢＭＷやフォードが２０２１年の実用化を表明しており、これに比べてホンダは４年遅れることになる。ただしＢＭＷやフォードはいずれも「ライドシェアリング」、つまり「無人タクシー」や「無人バス」のような用途での実用化を想定しており、より難度が高いパーソナルカーユースでの実用化時期を明示したのはホンダが初めてだ。

外部との連携を強化

最近の動きとしては外部との連携による研究開発の強化に力を入れていることが挙げら

れる。象徴的な動きは、２０１６年12月に発表された米ウェイモとの提携だ。ウェイモは、米グーグルを傘下に持つ米アルファベットの自動運転開発子会社。アルファベットの自動運転車開発部門が独立して12月13日に発足したばかりの新会社で、研究開発段階から事業化を目指す段階に入ったと受け止められている。

提携の内容は、ホンダがウェイモに車両を提供し、そこにウェイモがセンサーやソフトウエア、コンピューターなどを搭載して、米国内で公道試験を実施するというものだ。これまでグーグルは、実験車両から収集したデータを他社に提供することには消極的だった。それが完成車メーカーとの関係構築を阻んできた。今回の提携で、どの程度の情報を共有するのかは未知数だが、グーグルがある程度は情報共有するだろうという感触を得たからこその提携だと考えるのが自然だろう。

これに先立つ２０１６年7月には、ソフトバンクと共同で、自動車などへの人工知能（ＡＩ）技術の活用に関して共同研究を始めると発表した。具体的には、ソフトバンクのＡＩ技術「感情エンジン」を活用。自動車が運転者と高度なコミュニケーションを図れるようにすることを目指している。

さらに、ホンダは、人工知能やロボット技術などの研究・開発を行う新たな拠点「Ｒ＆Ｄ

センターX（エックス）」を東京・赤坂に開設した。当面の研究領域は「ロボット技術」や「モビリティシステム」など自律的に動く機械やシステムに限られる。ロボティクスの基盤技術として、「人と協調する人工知能技術」も研究する。

既存の研究開発拠点と切り離して、あえて都心に新拠点を構えた狙いは、オープンイノベーションの推進である。

協働する相手は、企業、大学、機関に限っていない。個人であっても構わない。外部から多様なアイデアが持ち込まれることを期待しているからだ。

【テスラ】 完全自動運転への対応を始める

米テスラは、EVベンチャーとしてスタート。２０１７年４月３日にニューヨーク株式市場の時価総額で米フォードを、４月10日には米ＧＭを抜き、市場の評価では米国最大の完成車メーカーとなり、大きな話題を呼んだ。

テスラは電動化だけでなく、自動運転の導入にも非常に積極的だ。２０１４年10月以降に製造するモデルにはすべて、ミリ波レーダー、単眼カメラ、前後に６個ずつ配置した合計12個の超音波センサー、ＧＰＳ（全地球測位システム）など、自動運転用のハードウエアを搭載している。2015年10月（日本では2016年1月）のソフトウエア・アップデートで、公道を走れるクルマとしては初めて「手放し運転」できる機能を備えることになった。

この自動運転機能は、ソフトウエア「バージョン7・0」に含まれるもので、（1）高速道路と自動車専用道路でステアリング操作を含む自動運転が可能な「オートパイロット」、（2）ウインカーを出せば自動的に車線を変更する「オートレーンチェンジ」、（3）縦列駐車に対応した自動駐車機能「オートパーク」などがある。

しかし2016年5月、この自動運転機能の動作中にテスラ・モデルSが道路を横断中の大型トレーラーに衝突してドライバーが亡くなるという事故が発生した。この事故を受けて、テスラは2016年9月（日本では10月）から「バージョン8・0」へのソフトウエア・アップデートを開始して、オートパイロットの仕様を変更した。ステアリングから手を離すとオートパイロットが無効となり、停車するまで使用できなくなる。

しかし、これでテスラが自動運転を諦めたわけではない。2016年10月になってテスラは、それ以降に生産するすべての車両に、将来の完全自動運転機能に対応可能なハードウエアを搭載すると発表した。8台のサラウンドカメラは、クルマから最長250mまで360度の視界を提供し、12個の超音波センサーも改良されて、物体の検知距離を以前のバージョンの約2倍に延ばした。ミリ波レーダーの性能も向上させた。

そして、これらのセンサーからの情報を処理する車載コンピューターには米エヌビディアの高性能プロセッサーを採用し、処理能力を従来の40倍以上に向上させている。ただし、完全自動運転の実用化時期は、ソフトウエアの詳細な検証に時間がかかることや、国や地域の法的な認可が必要なことから明示できないとしている。

第二節

自動運転車市場に参入するIT企業の狙い

【グーグル】無人タクシー送迎サービスを目指す

米グーグルは、世界中で自動運転車の開発競争が始まるきっかけを作った企業である。同社は、2008年に開催された無人車両のレース「アーバン・チャレンジ」で優勝したスタンフォード大学のセバスチャン・スラン教授と共同で、2009年に自動運転車の開発を開始した。そして2010年10月、トヨタの「プリウス」をベースとした自動運転車を開発していることを明らかにし、その時点で、合計22万km以上の公道での自動走行テストに成功していると発表した。

2014年5月には、車体から自社開発した自動運転用実験車両を発表し、2015年6月から、この実験車両を用いて米カリフォルニア州で公道走行試験を開始した。

IT企業であるグーグルが自動運転技術を開発する目的について、くり返しになるが、自動運転車史上重要なので、同社の共同創業者であるセルゲイ・ブリン氏の発表を再掲しておく。

「自動運転車によって、世界中の交通が一変し、個人が自動車を所有する必要性、駐車や渋滞などの必要性が軽減されることを私は願っている」

「自動運転車があれば、駐車場の必要はほとんどなくなる。なぜなら、1人が1台の自動車を持つ必要はないからだ。自動運転車はあなたが必要なときにやってきて、目的地まで運んでくれる。さらに、今よりはるかに効率的に道路を使用することも可能になる。われわれはまだこれを開発していないが、これまで多くの人がこれをシミュレートしてきたことは間違いない。複数の自動運転車で列車を形成することができる。自動運転車は高速走行も可能だ。おそらく、ここのハイウェイの走行速度よりはるかに高速で運転できるだろう」

「ハンドルやペダルが不要なのも本当に素晴らしいことだ。同乗者が向き合って座れるように座席を設置することなどもできるかもしれない。従来の自動車設計は自動運転に最適なものではないのかもしれない」

(https://japan.cnet.com/article/35050439/)

グーグルが自動運転技術の開発によって目指す未来は、人間が運転する必要がなく、移動が必要なときには呼び出し、目的地に着いたらまた別の利用者のところに行くというような、本書の第一章でいう「無人タクシー」が走り回る世界であることが分かる。

このような世界をグーグルが目指す最大の目的は「無人タクシーで移動する利用者に、グーグルのサービスを使ってもらうこと」だと考えられる。その最大のビジネスの一つは自動運転車向けの広告サービスだろう。これは、グーグルのインターネット広告を見て実店舗へ向かう顧客に対して、無人タクシーの料金を無料、もしくは割り引くというサービスだ。あるいは、その実店舗で利用できるクーポンをスマートフォン上で発行するというビジネスも考えられる。実際にグーグルは、こうしたビジネスに関して、２０１４年1月に米国の特許庁からビジネスモデル特許を取得している。

このビジネスモデル特許の公開資料に書かれたビジネスは以下のようなものだ。「A」というレストランが発行する e-クーポン「ランチご注文のお客様は前菜50％引き」の下に「無料送迎タクシーサービスあり」という文言が記載されている。その下にある「GET ME THERE!」ボタンをクリックすると、グーグルの無人タクシーがユーザーのところに迎えにきて、ユーザーをレストランまで送り届けるという仕組みだ。

旧来のインターネット広告がユーザーをクライアント企業のインターネットサイトに誘導

図3-9　グーグルの特許申請書に記載された無人タクシー送迎サービスを対象とするeクーポンサービスのイメージ（US8630897 B1、「Transportation-aware physical advertising conversions」より。出願日は2011年1月11日）

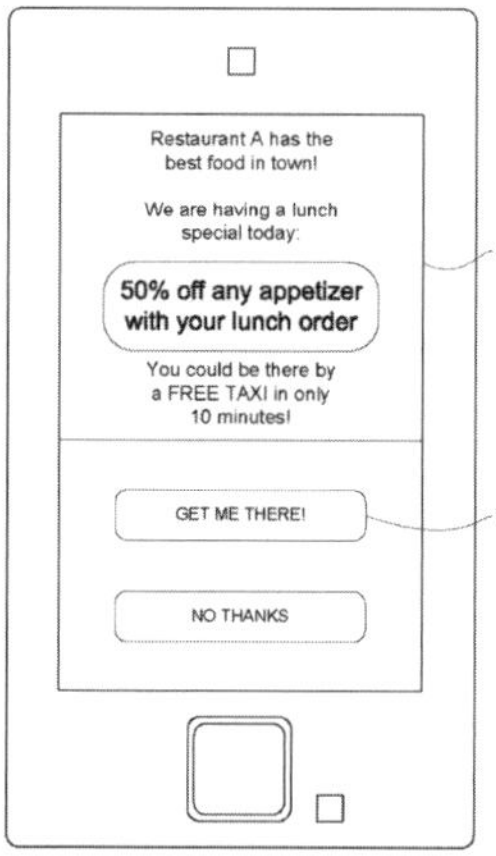

するのにとどまっていたのに対して、自動運転車は、実際にユーザーをリアルな店舗に連れてくることができるという点で、従来の情報端末よりもはるかに強力な広告メディアになり得る可能性を秘めている。

さらに、無人タクシーを利用するユーザーが、どのような時間帯に、どこからどこまで移動するかという利用履歴は、企業のマーケティングや、都市計画などに非常に有用なデータになると考えられる。こうした広告ビジネスの展開や、ビッグデータの獲得が、グーグルが自動運転技術の開発を進める一番の動機だと考えられる。

したがって、グーグル自身は自動運転車を製造することには興味がなく、スマートフォンと同様に、自動運転ソフトウエアを完成車メーカーに提供し、代わりに情報を獲得する、というビジネスモデルを展開することを想定しているのだろう。

FCAやホンダと提携

ただし、こうしたグーグルの目論見に対して、既存の完成車メーカーは警戒心を抱いてきた。グーグルはこれまでも、自動運転技術を実用化するための完成車メーカーのパートナーを探してきたが、手を組もうという完成車メーカーがなかなか出てこなかったのはその表れといえる。その理由の一つはグーグルが、自動運転車の実験で得たデータを、開発パートナーの完成車メーカーに提供することを拒んできたからだといわれている。

しかし、こうしたグーグルの頑なな態度にも変化が見えてきた。グーグルは2016年12月、自動運転車の事業化を目指す関連会社「ウェイモ」を設立し、フィアット・クライスラー・オートモビル（FCA）や、ホンダの車両を使った公道実験に相次いで乗り出すと発表したからだ。FCAやホンダが実験用の車両を提供し、グーグルがこれらの車両を改造して、自動運転の公道実験に使う。

ホンダは今回の提携を「自社とは異なるアプローチでの共同研究」と位置づける。

ＦＣＡやホンダと、グーグルの間でどのような契約が交わされているのかは不明だが、先ほどホンダの項でも触れたように、ある程度のデータ提供がなされるとの内容が含まれているからこそ提携に踏み切ったと見るのが自然だろう。

２０１７年4月、ウェイモは米アリゾナ州フェニックス在住の数百世帯に対し、自動運転車による移動サービスの試験を開始すると発表した。これまで同社は、ＦＣＡ製のミニバン「パシフィカ」１００台を改造して公道試験に使用してきたが、同試験サービスに向けて、新たに同じ車両を５００台追加するという。これまではウェイモの従業員が乗って実験しており、一般ユーザーを乗せて公道試験をするのは初めてだ。運転席にはウェイモの従業員が乗車し、必要な場合には運転に介入する。一般消費者を乗せての公道試験は、グーグルの自動運転技術が事業化にまた一歩近づいた証左といえそうだ。

【ウーバー】 あらゆる移動サービスの最適化を可能にする

ウーバーは、スマートフォンを使ったオンデマンド配車サービスを提供する企業で、２００９年の創業からわずか6年で、58か国３００都市以上に進出し、全世界で約16万人のドライバーが登録した。同社は上場していないが、その時価総額はＧＭを上回ると推定されており、市場からはすでに、テスラと並んで既存の自動車会社を上回る企業価値がある会社だとみなされたことになる。

現在ウーバーは、「uberBLACK（リムジンの配車サービス）」「uberX（一般ドライバーの運転するクルマの配車サービス）」「uberTAXI（既存のタクシーを使った配車サービス）」など各種のサービスを展開しているが、何といっても事業の大半を占めるのが一般のドライバーが運転するクルマを使った配車サービスである。

ウーバーのようなサービスが米国で始まった背景には、米国のタクシーのサービスへの不満がある。筆者も経験したことがあるが、車両の清掃が行き届いていなかったり、遠回りしたりするケースも多い。これに対してウーバーでは、ユーザー、ドライバーがお互いを評価し、この評価結果を公開するという画期的な手法で、サービス水準を向上させた。

自動運転をにらむ

ただしウーバーは、単にオンデマンドの配車サービスにとどまることなく「あらゆる移動サービスの最適化」を事業の目標として掲げている。このために、同じ方向に向かうユーザーを1台のクルマに相乗りさせることで料金を安くし、同時に交通渋滞やエネルギー消費を減らすことを狙った「uberPOOL」というサービスも展開している。その延長線上に、自動運転技術を活用した移動サービスの提供も視野に入れているのだ。

実際、2015年2月に自動運転車の開発で実績があるカーネギーメロン大学と提携したほか、米ペンシルバニア州ピッツバーグで、自社の試作車による実証実験をした。さらに、先ほどボルボの項でも説明したように、2016年8月に、ボルボと共同で3億ドルを投資し、両社の最新の自動運転技術を盛り込んだベース車両を開発すると発表した。

ただし、ウーバーの自動運転車の開発については、きな臭い紛争も起きている。先述したグーグル関連会社のウェイモが、ウーバーに対して、同社の機密情報を持ち出したとして、2017年2月に自動運転技術の開発差し止めを求めて提訴した。

事の発端は、ウーバーが自動運転技術の開発ベンチャーである米国のオットという企業を2016年8月に6億8000万ドルもの金額で買収したことだ。オットは、グーグルで自動運転技術の開発メンバーだったアンソニー・レバンドフスキー氏らが創業したトラック向け自動運転技術の開発ベンチャー。ウーバーに買収された後、レバンドフスキー氏はウーバーの自動運転技術開発の責任者に就任していた。

このレバンドフスキー氏がグーグルを退社する前に、自動運転技術の要であるLiDAR

の設計図を含めて1万4000件以上のファイルを無断で持ち出したとウェイモは主張している。この提訴を受けてウーバーは、レバンドフスキー氏を一時、自動運転開発の業務から外すことを発表したが、ウェイモの提訴自体は根拠がないとしてレバンドフスキー氏の容疑を否定している。

【アマゾン】音声アシスタントシステムで自動運転に参入

インターネット通販の大手として、また最近ではクラウドサービスのAWS（アマゾン・ウェブ・サービス）の提供企業として、アマゾンはIT分野で大きな存在感を示している。自動運転に関しては、現状では参入を狙っているという噂も、何か開発しているという噂も聞かない。少なくとも公に自動運転技術の開発を公表したことはない。

しかしそれでも今後、アマゾンが自動運転分野においてキープレーヤーの一社になることは確実だ。その理由の一つが、第一章で紹介した「アレクサ」と呼ばれる音声アシスタントシステムである。

「アレクサ」は、自動車ばかりでなく、様々な分野の機器に、音声アシスタント機能のデファクトスタンダードとして普及しつつある。ユーザーが、アレクサの機能を組み込んだ機器に音声で指示を与えれば、照明を落としたり、音楽をかけたり、カーテンを閉めたり、ピザを注文したり、ウーバーで配車サービスを手配したりしてくれる。

そして、すでに自動車分野でもフォードやＶＷが、アレクサを自社の車載機器に組み込むと発表している。これによって、「アマゾン・エコー」のような音声アシスタント端末を使って自宅内から車載機器をコントロールしたり、逆に車載機器から自宅内にあるアレクサ対応機器を音声で操作したりできる。このように、業界の壁を超えて、様々な機器を音声でコントロールするプラットフォームを、アマゾンはアレクサによって構築しつつある。

こうした音声アシスタントシステムの分野で、グーグルやマイクロソフトも必死に追いかけているところだが、現在のところ、アマゾンの優勢は揺らいでいない。このため、将来の自動運転車もアレクサのプラットフォームを使って操作する可能性が高まってきている。

ドローンだけではない

こうした音声による機器のコントロールに加えて、アマゾンでは宅配業務という同社の主要な事業へ、自動運転技術を応用することを検討し始めている。すでに同社がドローンを宅配業務に応用することを検討していることは周知の事実だが、最近になって、自動運転技術についての研究チームを発足させていたことを米ウォールストリート・ジャーナルが伝えた（https://www.wsj.com/articles/amazon-team-focuses-on-exploiting-driverless-technology-1493035203?tesla=y）。

この記事によれば、このチームは無人自動車を活用した自社の物流事業の改革を目指しており、自律走行車をいかに商品配送に生かすかを研究しているようだ。将来的に、トラックやフォークリフトなどの分野で自動運転の技術を導入する可能性がある。

またアマゾンは、「Lane assignments for autonomous vehicles（自律走行車のための車線指定）」と呼ぶ米国特許も2017年1月に取得している。この特許では、「リバーシブルレーン」（時間帯によって中央線の位置を変更し、上りと下りで交通量の多い側の車線を増やす仕組み）が導入された道路で、自動運転車が安全に走行するための仕組みを提案している。

アマゾンのような業態にとって、物流の効率化は事業の根幹にかかわる分野であり、こうした領域で自動運転技術の活用を検討することは自然であるが、ここで培われた技術を、一般ユーザーの輸送、言い換えれば無人タクシーにも応用するようになると、他の企業にとっては脅威だろう。

【ディー・エヌ・エー（DeNA）】 自動運転事業に積極的に参入

DeNAはもともとネットオークションでスタートした企業だが、現在ではネットサービス全般にその事業を拡大している。最近では自動車事業に積極的に取り組んでいる。その象徴的な動きが、2015年5月に、自動運転技術を開発するベンチャー企業のZMPと合弁で、無人タクシーの事業化を目指す「ロボットタクシー」を設立したことだろう。

同社は2016年2月から神奈川県藤沢市で一般市民から公募したモニターに自動運転車両による送迎サービスを疑似体験してもらう実証実験を実施したが、2017年1月に、DeNAとZMPは運営方針の違いから、業務提携の解消を発表した。

一方でDeNAは、ZMPとの業務提携解消の発表とほぼ同時期に、日産自動車が製造する自動運転車両を活用した新たな交通サービスのプラットフォームを開発することを発表した。DeNAはこの取り組みの第一歩として、2017年内に日産製の自動運転車両を用いた技術的な実証実験を日本国内で開始し、2020年までに無人運転による交通サービスプラットフォームのビジネスモデルなどを検証するとしている。

またDeNA単独でもイオンモール幕張新都心で自動運転バスを利用した交通システ

図3-10　フランス・イージーマイルの自動運転EVバス「EZ10」(写真:WEpods)

ム「Robot Shuttle」（ロボットシャトル）を2016年8月に期間限定で運用したほか、2017年4月にも、ロボットシャトルの一般向け試乗イベントを神奈川県横浜市の金沢動物園で実施した。使用した車両はフランス・イージーマイルが開発した自動運転車両「EZ10」だった。「EZ10」は12人乗りのEVバスで、運行時速は10～20㎞。

このほか、DeNAは自動車関連では個人間のカーシェアリングサービス「Anyca（エニカ）」を展開しているほか、もう一つ「akippa（アキッパ）」という駐車場シェアリング事業を展開するベンチャー企業にも出資している。アキッパは全国の空いている月極駐車場や個人の自宅の駐車スペースを一時利用できるサービスで、スマホで事前予約もできる。また2017年4月には、第二章で紹介したようにヤマト運輸と自動運転トラックを使った新しい宅配サービス「ロボネコヤマト」の実用実験を開始するなど、矢継ぎ早に自動車関連の新事業を拡大している。

【SBドライブ】自動運転バスを事業の柱とする

SBドライブは、ソフトバンクが、東大発自動運転開発ベンチャーである「先進ドライブ」との合弁会社として2016年3月に設立した企業で、自動運転技術を活用したスマートモビリティサービスの事業化を目指している。合弁会社の設立に合わせて、ソフトバンクは先進モビリティの第三者割当増資を引き受け、2016年4月に5億円を出資した。

具体的には、自動運転技術を活用した特定地点間のモビリティや、隊列および自律走行による物流・旅客運送事業などの社会実証・実用化に取り組んでいる。これまでに（1）福岡県、北九州市、鳥取県八頭町、長野県白馬村、静岡県浜松市（およびスズキ、遠州鉄道）と自動運転技術を活用したスマートモビリティサービス事業化について連携協定を締結、（2）愛知県の自動走行の社会受容性実証実験事業への参画、（3）経済産業省の「平成28年度スマートモビリティシステム研究開発・実証事業」への参画、（4）内閣府が推進する戦略的イノベーション創造プログラムの「自動走行システム」において2017年3月20日から沖縄県南城市で行われるバス自動運転実証実験の受託——など急速に事業を拡大している。

SBドライブの事業の柱は、自動運転バスを用いたモビリティサービスの実証実験である。現在は主に、先進ドライブが改造した日野自動車の小型バス「ポンチョ」を用いている。しかし、2017年3月に、フランスの自動運転バス開発ベンチャーのナビヤが、同社の自動運転バス「ナビヤ アルマ」をSBドライブに2台販売すると発表したので、今後は海外から導入した自動運転バスを使った事業展開を考えているようだ。

また、先にホンダの項でも触れたように、SBドライブの親会社であるソフトバンクは、2016年7月、本田技術研究所と協力し、ソフトバンクグループ傘下のcocoro SBが開発したAI技術「感情エンジン」のモビリティへの活用に向けた共同研究を開始した。感情エンジンは人工知能技術を用いて擬似的な感情を生成する技術で、ソフトバンクが販売する人間型ロボット「ペッパー」にも搭載されている。

共同研究では、運転者との音声による会話や、車両に搭載されたセンサー・カメラなどの情報を活用することで、車両が運転者の感情を推定すると共に、自らが感情をもって対話する機能の実現を目指している。

第三節

対応急ぐ自動車部品メーカー

【ボッシュ】自動運転に必要なすべての技術要素を供給可能

ドイツ・ボッシュは世界最大（米オートモーティブ・ニューズ誌による２０１６年のトップ１００グローバルＯＥＭサプライヤーランキングによる）の自動車部品メーカーだ。１８８６年に創業し、エンジン部品を中心に業容を大幅に拡大してきた。しかし、最近では自動運転技術の開発に力を入れており、自動運転に必要なすべての技術要素を自社で供給することを目指している。部品の供給だけでなく、それらを組み合わせたシステムを組み込んだ実験車両を試作し、公道試験も実施している。

２０１３年5月にドイツの公道において、ドイツＢＭＷの「３シリーズ」をベースとした試作車の自動走行テストを実施したほか、２０１５年5月にはドイツで開催した報道関係者向けイベントで、テスラのモデルＳをベースとした試作車を公開した。日本でも２０１５年10月から、このモデルＳをベースとした試作車で公道試験を開始した。同社が自動運転向けに供給している部品としては現在、ミリ波レーダー、カメラ、超音波センサーなどがあり、このほか現在、LiDARも開発中であることを公表している。

ただし、すべての開発を内部で実施しているわけではなく、外部の企業との連携も積極的だ。自動運転で重要な3Dデジタル地図についてはオランダの地図・交通情報提供企業であるTomTomと2015年7月に提携すると発表した。自動運転には誤差10cm以下の高精度な3Dデジタル地図が必要だとされているが、この地図の仕様をボッシュが定義し、この仕様にもとづいてTomTomが2015年末までにドイツ国内の高速道路や自動車専用道路をデジタルデータ化するという内容だ。こうして作成した地図を、ボッシュが自動運転の実験車両で使用する。

こうした外部企業との連携は2017年に入って加速している。2017年2月、ボッシュ傘下のベンチャーキャピタルであるロバート・ボッシュ・ベンチャー・キャピタルを通じて、LiDARの開発ベンチャーであるTetraVeuに1000万ドルを出資している。

2017年3月には高性能半導体のGPU(グラフィックス・プロセッシング・ユニット)最大手の米エヌビディアと量産車向け人工知能自動運転システムの開発に向けて協業することを発表した。ボッシュとエヌビディアは、エヌビディアのGPUを使った自動運転コ

図3-11　ボッシュがダイムラーと共同開発する「自動運転タクシー」のイメージ
（写真：ボッシュ）

ンピューター開発プラットフォーム「ＤＲＩＶＥ ＰＸ」を使って自律走行車の量産に向けた車載グレードのシステムの開発を進める。

さらに２０１７年４月にはダイムラーと完全自動運転車（レベル４相当）と無人運転車（レベル５相当）の開発において、開発業務提携契約を締結したと発表した。両社は市街地走行が可能な「自動運転タクシー」を実現するためのシステム開発と量産準備を共同で実施する。

この構想は、まさに本書でいう「無人タクシー」の開発に両社が共同で取り組むという内容で、市街地のあらかじめ決められた範囲内において、スマートフォンを使って自動運転タクシーを呼び出し、目的地に移動することが可能になる。

【ZF】TRWオートモーティブ買収で参入に弾み

ドイツZFは、ボッシュに次ぐ世界2位（米オートモーティブ・ニューズ誌による2016年のトップ100グローバルOEMサプライヤーランキングによる）の自動車部品メーカーである。従来は、エンジン部品や動力伝達部品、変速機など機械系の部品が主力で、自動運転分野では出遅れていた。

その同社が2014年9月に、米国の自動車部品メーカーであるTRWオートモーティブを買収すると発表したことは業界を驚かせた。というのも、TRWはZFと売上規模がほぼ等しい大手メーカーだったからだ。

ほぼ規模の等しい相手との合併という大胆な決断をしたことで、新生ZFの売上は一気に世界のトップ5に食い込む規模となり、同時に遅れていた自動運転関連技術の分野でも先行するボッシュやコンチネンタルを追撃できる体制が整った。

TRWは、2002年にミリ波レーダーをVWに提供したことを皮切りとして、カメラを米クライスラー（現在のFCA）やGM、日産に提供した実績がある。また、TRWの特徴的な製品としてセーフティ・ドメインECU（電子制御ユニット）がある。

これは、ミリ波レーダー、カメラなど安全関連の情報を処理し、自動的にブレーキをかける、あるいは車線を維持するようにステアリングを操作するなどの安全機能をすべて司る役割を担うECUで、2010年1月に第1世代品を発表し、量産を2010年9月に始めた。第2世代品は2013年9月に発表され、同年に量産を開始し、2018年に市場投入する予定である。また、イスラエル・モービルアイとも関係が深く、同社の画像処理半導体を使った単眼カメラや、短距離・広画角カメラ、中距離カメラ、長距離・狭画角カメラの三つを組み合わせた3眼カメラなどを製品化している。

このほか、センサー関連ではもともとミリ波レーダーを量産しているほか、欠けていたLiDARでは、ドイツのLiDARメーカーであるイベオ・オートモーティブ・システムズの株式の40％を取得すると2016年8月に発表した。イベオは現在、回転ミラーを使ってレーザー光を走査する方式のLiDARを生産しているが、次世代品は機構部分のないソリッドステート化により、現在よりも小型化するとしている。

また2015年7月には合併後初の試作車としてドイツ・オペル（フランスPSAグループが2017年8月に買収）の「インシグニア」を改造した高速道路における自動運転機能

搭載の実験車両を製作し、ドイツのアウトバーンで自動走行テストを実施した。

【コンチネンタル】 部品メーカー初の公道実験ライセンスを取得

ドイツ・コンチネンタルは、世界第5位（米オートモーティブ・ニューズ誌の2016年のトップ100グローバルOEMサプライヤーランキングによる）の自動車部品メーカーである。同社はもともとタイヤメーカーだが、1995年以降、様々な種類の部品メーカーとのM&Aを繰り返し、今日では、世界でも上位の自動車部品メーカーにのし上がった。

自動運転技術の開発にも積極的で、2012年2月にVWの「パサート」をベースとした試作車を使い、米国ネバダ州の公道において自動運転の実証実験を行うライセンスを自動車部品メーカーとして初めて取得した。

2013年3月には、ドイツBMWと共同で自動運転技術の開発に取り組むと発表した。このときは、2020年までに欧州の高速道路における自動運転の実用化と、2025年からの完全自動運転の実用化を目指すとしていた。

同社の主な自動運転関連の製品は、単眼カメラ、ステレオカメラ、短距離レーザーレーダー、ミリ波レーダーなど。これらの製品を組み合わせた複合製品には、車両の周囲

360度の画像を提供するサラウンドビューソリューション、短距離レーザーレーダーと単眼カメラを組み合わせた複合センサーなどがある。

2015年7月には自動運転技術の開発に必要なソフトウエア技術を確保するために、フィンランドのソフトウエア開発会社エレクトロビット・オートモーティブを買収。また、同年8月にはミリ波レーダーを開発するため、米フリースケール・セミコンダクター（その後2016年12月にオランダNXPセミコンダクターが買収）と提携することも発表した。

一方、自動運転の要素技術では、それまでの製品ポートフォリオになかった高性能LiDAR技術を取得する目的で、2016年3月にLiDAR開発ベンチャーである米アドバンスト・サイエンティフィック・コンセプツ（ASC）からLiDAR事業を買収すると発表した。これで同社は、自動運転用センサーで三種の神器ともいわれるカメラ、ミリ波レーダー、LiDARの三種類のセンサーを手に入れたことになる。

【デンソー】 自動運転車技術獲得に向けて提携強化を図る

デンソーは世界第4位（米オートモーティブ・ニューズ誌による2016年のトップ100グローバルOEMサプライヤーランキングによる）、日本では最大の自動車部品メーカーだ。トヨタグループの企業という印象が強いが、トヨタグループ向けは売上の半分弱で、残りの半分強は国内の他メーカーやＧＭ、フォードなどの海外向けが占めている。

ただ、ボッシュやコンチネンタルなど海外の大手自動車部品メーカーに比べると、完全自動運転への取り組みは遅れ気味で、現在挽回を図っているところだ。製品としては、ミリ波レーダー、カメラ、ステレオカメラなどのセンサーがあるが、LiDARについては開発中で詳細は公表していない。ただし、他の大手自動車部品メーカーと同様に自動運転分野ではすべてを自社で手がけるのは難しく、このところ外部との提携を強化している。

２０１６年２月に、ＮＴＴドコモと高度運転支援と自動運転技術の実現に向け、ＬＴＥや次世代移動通信システム「５Ｇ」を利用した車両制御システムの研究開発を協力して進めることで合意したと発表した。具体的には、「高速道路での合流」や「見通しの悪い都市部の交差点」などセンサーだけでは安全の確保が難しい状況では通信技術を活用することを想定し、シミュレータを用いた評価や、車両を利用した実験を検討していく。

続く２０１６年４月にはデンソーの米国子会社が、半導体レーザー技術を持つスタートアップ企業の米TriLuminaに出資したと発表した。出資額などの詳細は発表されていない。TriLuminaはLiDARや屋内照明向けにレーザー技術を開発している。デンソーは同技術の自社開発に適用できる可能性を評価して出資したと見られる。

さらに同年の10月には東芝と画像認識システム向けの人工知能技術を共同開発すると発表した。人工知能分野でもDNN(ディープ・ニューラル・ネットワーク)といわれる技術を共同開発する。今回の共同開発では、急速に進化するDNN技術の開発状況を考慮し、様々なネットワーク構成にも柔軟に対応する拡張性を持たせるとともに、車載用プロセッサーに実装できる小型化・省電力化を図るとしている。

そして同年も押し詰まった12月にはNECと、AIやIoTの技術を活用した高度運転支援・自動運転やモノづくりの分野で協業すると発表した。デンソーの安全技術とNECで開発した危険予測につながるAIを組み合わせた製品を共同開発することが目的だ。

2017年4月にはデンソー、富士通、トヨタの3社が出資する富士通テンの出資比率を変更し、デンソーの連結子会社化すると発表した。デンソーの出資比率を従来の10%から51%に高める一方で、富士通の出資比率は55%から14%に下げる。トヨタの出資比率は35%のままで変わらない。富士通テンの技術を、自動運転車の運転席周りなどに活用すると見られる。

こうした一連の動きから浮かび上がるのは、これからますます激化する技術開発競争において、いかに開発人員を確保するかという課題だ。社内だけで確保するのは難しく、様々な分野の企業と連携し、必要な開発作業を分担しながら、先行する海外の大手部品メーカーに追いつこうとする戦略が垣間見える。

第四節

自動運転車の要を握るデバイスメーカー

【インテル／モービルアイ】自動運転に欠かせない画像処理半導体を担う

2017年3月の米インテルがイスラエル・モービルアイを買収するという発表は業界を驚かせた。その153億ドルという買収額の大きさには、自動車分野で出遅れたインテルの「焦り」がうかがえる。パソコン向けマイクロプロセッサーで首位の座を揺るぎないものにしつつも、スマートフォンでは主導権を握れなかった同社が、自動車分野では同じ間違いを犯さないという固い決意が今回の買収からは見て取れた。

そうまでしてインテルが手に入れたかったモービルアイとはどんな会社なのか。同社はもともと、単眼カメラを使った後付け型の安全支援製品の発売を手がける企業だった。2007年ごろから販売を開始した後付け型の商品は、車線逸脱警報、前方衝突警報、前方車間距離警報、歩行者衝突警報などの機能を備えており、前方車両との距離の測定にはミリ波レーダーやステレオカメラが必要という当時の常識を覆して注目された。

同時に、これらの製品に使われている単眼カメラで先行車両や歩行者を見分け、距離を測定するカメラ画像の信号処理半導体を自動車部品メーカーに供給し始め、これらの半導体が後付け型商品ばかりでなく、新車に純正装着されるようになっていった。そして最近では、モービルアイの画像処理半導体は自動運転車に焦点を合わせ、人工知能技術を盛り込んだ高性能コンピューターになりつつある。この技術力に目をつけ、インテルは買収に踏み切ったわけだ。

モービルアイの画像処理半導体は、VWや日産自動車の項で触れたように、これらの企業の自動運転システムに採用されているほか、米国の大手自動車部品メーカーであるデルファイは、モービルアイと共同で、自動運転の「ターンキーソリューション」の共同開発を実施している。このターンキーソリューションとは、自動運転技術を単独で開発する実力のない完成車メーカーが、自動運転車を実現させるために購入するセンサーやコンピューターを組み合わせたトータルシステムのことだ。

またモービルアイは、3Dデジタル地図の世界でも主導権を握ろうとしており、VWの項で説明したように、3Dデジタル地図の分野でVWと合弁会社を設立することで合意した。モービルアイのデジタル地図プラットフォームは、ユーザーから収集した情報で地図を更新していくのが特徴で、日産自動車やGMも同プラットフォームへの参加を決めている。このように、車両だけでなく自動運転車を利用するためのプラットフォーム構築にも取り組んでいるのがモービルアイの特徴だ。

【エヌビディア】 自動車向けに力を入れる姿勢を鮮明に

米エヌビディアはもともと画像処理を高速で実行できる半導体「GPU」の最大手メーカーとして、主に高速画像処理用のパソコンや、スマートフォン、タブレット、防衛など幅広い業界向けに提供していた。しかし現在は最も重要な市場として自動車に力を注いでいる。2015年1月に、15年前のスーパーコンピューター並みの処理性能を持つ高性能プロセッサー「Tegra X1」と、同プロセッサーを搭載した自動運転車向け開発プラットフォーム「NVIDIA DRIVE PX」、およびデジタル・コックピット用車載コンピューター「NVIDIA DRIVE CX」を発表し、自動車向けに力を入れる姿勢を鮮明にした。

2016年1月には、PXの次世代版で処理能力を4倍に拡張したDRIVE PX2を発表し、さらに2017年1月には、PX2を多くの完成車メーカーや大手部品メーカーが採用すると発表して、自動運転分野で勢力を拡大していることを印象づけた。

図3-12　自動運転車向け開発プラットフォーム「NVIDIA DRIVE PX2」は多くの完成車メーカーが採用を発表している（写真：エヌビディア）

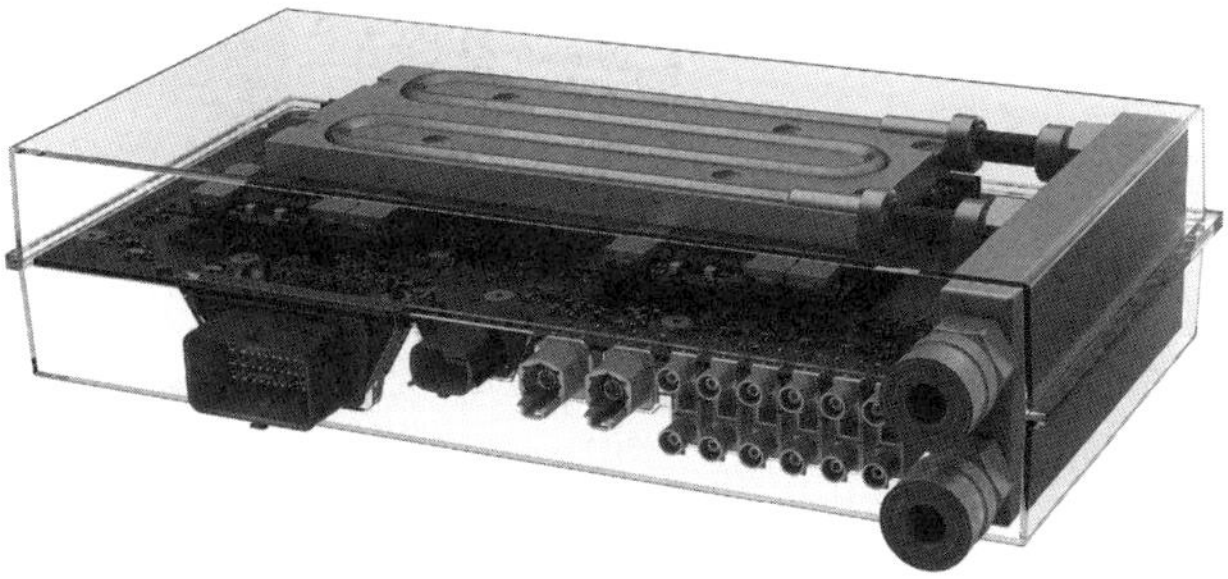

トヨタとの提携を発表

こうした見方をさらに勢いづかせたのが2017年5月に開催されたエヌビディアの技術コンファレンス「GTC 2017」である。同社のジェンスン・ファンCEOが基調講演の中で、トヨタ自動車と協業すると発表したからだ。協業の内容は、トヨタが今後数年以内の市場投入を予定している自動運転車に、エヌビディアの自動運転プラットフォームであるDRIVE PXを搭載するというもの。トヨタは2020年に、高速道路での自動運転を実用化すると表明しており、エヌビディアの技術が搭載されるのはこのタイミングだと考えるのが妥当だろう。トヨタとの協業を発表した5月10日と、翌11日の2日間だけで、エヌビディアの株価は22％も上昇した。

エヌビディアのGPUの採用が広がったのは、モービルアイの戦略に対する反発もありそうだ。というのも、モービルアイは、周囲の車両や歩行者を認識するアルゴリズムを一切公表せず、ブラックボックス化しているからである。これが完成車メーカーや大手部品メーカーの反発を招いているというのだ。これに対して、GPUはすでにディープラーニングの開発プラットフォームとしてデファクトスタンダード化しており、完成車メーカー自身がアルゴリズムを開発しやすい環境が整っている。

ただ一方で、GPUには消費電力が大きいという難点もある。エヌビディア自身は、改善が可能だとしているが、現在のところはモービルアイの半導体のほうが消費電力は小さいという強みもあり、両社の勝負はまだ決着が付いたわけではない。

【東芝】画像処理半導体の低消費電力化に挑む

東芝は、カメラで撮影した画像から歩行者や先行車両を見分ける機能を備えた画像処理半導体「ビスコンティ」シリーズを商品化しており、第2世代の「ビスコンティ2」がトヨタ自動車の運転支援システム「トヨタ　セーフティセンスC」に採用されている。東芝は次世代品である「ビスコンティ4」も2014年11月に発表しており、これは夜間の歩行者など、暗いところでの物体認識能力を向上させたのが特徴。欧州では2018年に、夜間の歩行者を検知できる機能が自動ブレーキに要求されるようになるため、これに対応したシステム向けに開発された。さらに、次々世代品の「ビスコンティ5」は、ディープラーニングなど、人工知能的な機能を備えるようになると見られる。

デンソーの項で触れたように、東芝とデンソーは2016年10月に画像認識システム向けの人工知能技術を共同開発すると発表した。両社で共同開発したディープラーニングを低消費電力で実行できる技術は、次々世代のビスコンティに採用されることになりそうだ。

【ベロダイン】LiDARのデファクトスタンダード

米ベロダインのLiDARは、世界中の自動運転の実験車両に、ほぼデファクトスタンダードとして採用されている。同社のLiDARは、もともとは2005年に開催された自動運転車レースの「グランド・チャレンジ」のために開発したもので、最初に開発した64個のレーザー素子と同じ数の受光素子を備えた「HDL-64E」は、2007年に開催された自動運転車レースの「アーバン・チャレンジ」では参加した11チームのうち10チーム、完走

図3-13　ベロダインが2017年4月に発表した新型LiDAR「Velarray」
（写真：ベロダイン）

した6チームのうちの5チームがHDL-64Eを搭載していた。

しかし、「HDL-64Eは7万5000ドルという高価なものだったため、その後2010年9月にはレーザー素子、受光素子とも32個に減らして小型化・低コスト化を図った「HDL-32E」を発表し、2014年7月には、さらに16個ずつに減らした「PUCK」を発表した。PUCKでは、価格を約8000ドルまで引き下げることに成功した。

しかし、市販車に採用するためには1台100ドル程度まで引き下げることが求められていることから、ベロダインは2017年4月、新型LiDARの「Velarray」を発表した。これまでのLiDARが、本体を回転させることによって車両の周囲360度の物体を検知していたのに対して、Velarrayは可動部分を持たないソリッドステート型にした。半導体プロセスで大量生産することによって大幅なコスト引き下げが可能だとしている。

Velarrayのサンプル出荷は2017年中に始まる見込みで、2018年から生産を開始。本格的な量産は同社が2017年1月にカリフォルニア州サンノゼに開設した新工場「メガファクトリー」で行う計画だ。

ベロダインの技術力を評価し、2016年8月に中国の大手IT企業である百度（バイドゥ）と米フォードは、ベロダインに対して1億5000万ドルを共同投資すると発表した。フォードは2021年にレベル4の完全自動運転車を商業化すると発表しており、そのためには低コストのLiDARが必要だ。一方、百度も5年以内に自動運転車を生産すると発表しており、そのために中国国内で実験車両の公道試験を実施している。両社はベロダインのLiDARをこれらの自動運転車に採用することを目論んでいるとみられる。

【クァナジー・システムズ】LiDARの低価格化に挑むベンチャー企業

米クァナジー・システムズは2012年11月に設立されたLiDAR開発のベンチャー企

図3-14　クァナジーがCES 2017に出展した新型LiDARの「S3」(右)と「S3 Qi」(左)(写真：筆者撮影)

業であり、同社のLiDARは非常に低コストなのが特徴だ。ベロダインのPUCKの約8000ドルに対して、クァナジーの主力製品である「マーク8」は、レーザー素子と受光素子を8個ずつに減らすことで、1000ドルという低価格化に成功し、2017年から量産車への搭載が始まるといわれる。

2016年1月に米ラスベガスで開催された家電見本市「CES2016」では、機構部分を持たない新型LiDAR「S3」を発表して注目された。S3は当初の価格が250ドルで、2018年以降にはS3の機能を1チップ化することで価格を100ドル以下に下げられると発表したからである。さらに、翌年のCES 2017では、S3をさらに小型化した「S3 Qi」を発表した。

S3は光フェーズドアレイという技術を使って、可動部分なしにレーザー光を高速で、しかも広い範囲に走査することを可能にしている。実現すれば画期的な技術だが、非常に難度が高いため、実現を懐疑的にみる向きもある。実際、2016年1月時点の発表よりもS3の出荷は遅れており、今後クァナジーの目論見通り低コスト化が進むかどうかが注目されている。

【パイオニア】カーナビで培った技術が強み

パイオニアは、光ディスクで培った光技術と、カーナビゲーションシステム（カーナビ）で培った自車位置の推定技術が生かせるとして、2015年9月にLiDARの実証実験を始めると発表した。今後小型・低コスト化を進め、2022～2023年ごろに1万円以下の価格を実現することを目指している。

同社のLiDARは、ベロダインやクァナジーが開発しているようなソリッドステート型ではなく、MEMSという半導体プロセスで製造した微小な鏡を使ってレーザー光を検知範囲に走査させるタイプである。レーザー素子も受光素子も一つで済むシンプルな構成が特徴だ。MEMSについても、同社はカーナビのHUD（ヘッドアップディスプレイ）で採用した経験が生かせると見ている。

同社は技術の詳細を公開していないが、特徴は本体が回転しないタイプであるにもかかわらず、物体を検知できる角度が水平方向に210～330度と非常に広いことだ。またパイオニアは、外乱光の影響を抑えつつ、受光素子の感度を上げることで、検知距離を約100mとLiDARとしては長くすることに成功したとしている。海外のベンチャー企業に対するパイオニアの強みは、精密な装置を量産する経験を積んできたことであり、早期の量産立ち上げに成功するかどうかが勝負を決めそうだ。

【HERE】基幹技術3Dデジタル地図を開発

HEREは、もともとフィンランドの電気通信機器メーカーであるノキアの事業部門であり、カーナビゲーション用の地図提供が主な業務だったが、2015年8月にアウディ、ダイムラー、BMWというドイツの完成車メーカー3社に買収され、HEREとして独立会社となった。

同社の買収を巡っては、ウーバーやフェイスブック、百度などのＩＴ企業が名乗りを上げ、その帰趨が注目を集めていた。それはＨＥＲＥが自動運転車向けの３Ｄデジタル地図の開発を手がけていたからである。結局、ドイツの自動車業界による共同買収という形で決着したのは、３Ｄデジタル地図という基幹技術がＩＴ産業の手に渡ることを恐れた自動車業界の危機意識の表れといえる。

ＨＥＲＥの３Ｄデジタル地図「HD Map」は、２０１５年７月に一部公道に限定した実証実験用として提供が始まっている。HD Map は LiDAR を搭載した計測車両を用いて作成する高精度の３Ｄデジタル地図データで、自動運転向けに開発されたものだ。

２０１７年になって、ＨＥＲＥは様々な提携を積極的に展開している。特に注目されるのは２０１７年２月に発表されたパイオニアとの発表だろう。発表によればＨＥＲＥとパイオニアは、両社が保有する地図と自動車関連技術などを組み合わせ、グローバルな標準地図を相互提供するとともに、自動運転用の高精度地図データ提供に向けた取り組みを進めていくとしている。

自動運転用地図の作成では、パイオニアの LiDAR の活用を検討する。２０１７年はこのほかにも地図メーカーのゼンリンやエヌビディア、マイクロソフトとの協業を発表している。

【ゼンリン】ダイナミックマップ整備に向けて新会社を設立

ゼンリンは、北九州市に本社を置く日本最大の地図メーカーである。現在、日本のカーナビ向け地図データの7割はゼンリンによって提供されていると言われる。

2000年代から自動運転を視野に入れた取り組みを強化しており、2001年には、3Dデジタル地図の作成を目的として、ジオ技術研究所を子会社として設立した。自動運転車の本格普及に向けて2018年の事業化を目指しており、完成車メーカーへの試験データの提供も検討し始めている。

2016年5月には、「ダイナミックマップ」を整備していくための会社「ダイナミックマップ基盤」を完成車メーカーなどと共同で設立した。ダイナミックマップとは、高精度の3Dデジタル地図のうち、道路や周辺の建物の形状といった静的な情報だけでなく、工事／事故規制の情報や信号情報、周辺車両などの「動的な情報」も組み込んだ地図のことだ。この部分も含めて企業の壁を超えて標準化しないと、メーカーごとにばらばらな地図を作ることになり、効率が悪い。

新会社はゼンリンのほか、三菱電機、パスコ、アイサンテクノロジー、インクリメント・ピー、トヨタマップマスターといった地図製作に関わる企業と、いすゞ自動車、スズキ、トヨタ自動車、日産自動車、日野自動車、スバル、ホンダ、マツダ、三菱自動車工業といった完成車メーカーが共同出資で設立した。同社は2017年度中をめどに、日本国内における「ダイナミックマップ（協調領域）」の整備を順次進めることを目指している。

第四章

自動運転を支える技術

つい最近まで夢物語だった自動運転技術はどうして可能になったのか。かつては道路に磁気マーカなどを埋め込みクルマを誘導するといったやり方が考えられていたが、米国防総省主催の無人カーレース「グランド・チャレンジ」をきっかけに、クルマが自律的に走る技術が現実のものとなった。自動運転にはレベル1～5までの段階があり、すでに一部の市販車はレベル1～2の機能を備えているが、自動運転技術は今後どのように進化していくのか。どんな技術によって支えられているのか。その最新動向を解説する。

第一節

自動運転車実用化までのスケジュール

第三章まで、完全自動運転が実現したら、産業、社会、そして私たちの生活がどう変わるのか、企業がどのような動きをしているのかを見てきた。しかし、完全自動運転はそもそも実現するのだろうか？　実現するとしたら、どのような技術によって、いつごろ可能になるのだろうか？　最終章では、自動運転の技術的な側面について考えてみたい。

自動運転の五つのレベル

ここまでの説明で「自動運転」という言葉をあまり説明もせずに使ってきたが、実は一口に自動運転といっても、そこにはいくつかの段階がある。最も一般的なレベル分けは米運輸省道路交通安全局（ＮＨＴＳＡ）の次のような定義だ。

レベル1（部分的な自動化）：自動ブレーキ、車線維持支援機能など、単独の運転支援機能を搭載。

レベル2（複合機能の搭載）：自動ブレーキ、車線維持支援、ハンドル操作の自動化など、複数の機能を組み合わせて、例えば高速道路で同じ車線を走り続けるなど、限定した条件の自動運転を実現する段階。人間は常にシステムの動作状況を監視する必要がある。

レベル3（条件付き自動化）：人間の監視・運転操作は不要だが、システムが機能限界に達した場合には、人間に運転を移譲する段階。

レベル4（完全な自動化）：人間の監視・操作が不要で、安全の最終的な確認も機械に任せている段階。

4つのレベル分けがこれまではポピュラーだったが、最近は1段階多い5段階でレベル分けをすることが多くなってきた。このレベル5は、従来のレベル4を二つに分けたもので、SAE（自動車技術会）インターナショナルという自動車技術の国際団体が定めたものだ。

SAEのレベル分けによれば、NHTSAのレベル4（完全自動運転）は、さらにレベル4の「高度な自動化」とレベル5の「完全な自動化」の二つに分けられる。レベル4が「いくつかの走行モード」で完全自動走行が可能であるのに対して、レベル5は「すべての走行モード」で完全自動走行が可能であるというのが違いだ。

図4-1　自動運転のレベル。従来はレベル0～4に分けたNHTSA（米運輸省道路交通安全局）の定義が主流だったが、最近はSAE（自動車技術会）インターナショナルの定めたレベル0～5の分類を使うことが多くなっている（資料：国土交通省）

自動化レベル（案） Draft Levels of Autmation for On-Road Vehicles

NHTSAレベル	SAEレベル	SAEにおける呼称	SAEにおける定義	ハンドル操作と加速/減速の実行主体	走行環境のモニタリング	運転操作のバックアップ主体	システム能力（運転モード）
	ドライバーが自ら運転環境をモニタリング						
0	0	手動	ドライバーが常時、全ての運転操作を行う。	ドライバ（人間）	ドライバ（人間）	ドライバ（人間）	
1	1	補助	運転支援システムが走行環境に応じたハンドル操作、あるいは加減速のいずれかを行うとともに、システムが補助をしていない部分の運転操作をドライバーが行う。	ドライバ（人間）+システム	ドライバ（人間）	ドライバ（人間）	いくつかの運転モード
2	2	部分的な自動化	運転支援システムが走行環境に応じたハンドル操作と加減速を行うとともに、システムが補助をしていない部分の運転操作をドライバーが行う。	システム	ドライバ（人間）	ドライバ（人間）	いくつかの運転モード
	自動化された運転システムが運転環境をモニタリング						
3	3	条件付き自動化	システムからの運転操作切り替え要請にドライバーは適切に応じるという条件のもと、特定の運転モードにおいて自動化された運転システムが、車両の運転操作を行う。	システム	システム	ドライバ（人間）	いくつかの運転モード
4	4	高度な自動化	システムからの運転操作切り替え要請にドライバーが適切に応じなかった場合でも、自動化された運転システムが、常時、車両の運転操作を行う。	システム	システム	システム	いくつかの運転モード
	5	完全自動化	ドライバーでも対応可能ないかなる道路や走行環境条件のもとでも、自動化された運転システムが、常時、車両の運転操作を行う。	システム	システム	システム	全ての運転モード

ここでいう「走行モード」とは、例えば「時速60㎞以上の高速走行モード」とか、「時速30㎞以下の渋滞走行モード」といったものだ。つまり、SAEのレベル4は、状況を限った〝完全〟自動運転ということなのだ。

状況を限っていて〝完全〟と言えるのか？　という感じはするのだが、狭い路地裏から、田んぼの中のあぜ道、アフリカの砂漠、アマゾンの密林地帯など、人間が行けるような道路のほぼすべてで、完全な自動運転を実現するのは実際には困難で、当初の完全自動運転は何らかの制約条件を付けたレベル4でスタートして、その適用範囲をだんだん広げていくというのが現実的だろう。

現在はレベル2

現在の自動運転の実用化段階は、レベル2でも最初の段階、高速道路の単一車線に限定された自動運転である。具体的には、料金所を過ぎ、高速道路の本線に合流したところでスイッチを入れて、手動の運転から自動運転に切り替え、目的地に近づいたらシステムを解除して、手動でインターチェンジから高速道路を降りるというものだ。

このレベル2の自動運転は、第三章で紹介した日産自動車の「プロパイロット1・0」、ダイムラー、テスラ、アウディなどが実用化している。ただし、現状のレベル2は、ドライバーが過度にシステムに依存するのを防ぐために、ステアリングから一定時間（プロパイロットの場合は10秒程度）以上手を離していると、自動運転モードを解除するように設定されている。自動運転というよりも、運転支援システムに近い位置づけだ。それでも、ユーザーから高速道路での運転がラクになった、と概ね好評のようだ。それが原動力の一つとなり、2017年1月に日産のセレナは登録車の販売台数ランキングで2位になった。

▨ レベル3が2017年、レベル4が2021年？

常時ドライバーの監視が必要な「レベル2」に対し、その先の常時監視が不要な「レベル3」や、人間による監視が全く不要な「レベル4」の実用化も視野に入ってきている。アウディは第三章で触れた通り2017年秋に全面改良する最高級車のA8に「レベル3」の自動運転機能を搭載すると発表した。市販車にレベル3の自動運転機能を搭載するのは世界で初めてになる。

A8が搭載するのは、高速道路の交通渋滞時（時速60㎞以下）にレベル3の自動運転が可能な機能。現在の法規では、たとえ常時監視が不要なレベル3の機能を備えていても、運転者が新聞を読んだり、コーヒーを飲んだりといった、運転以外の作業、いわゆる「セカンドタスク（ながら運転）」をすることは許されていない。

レベル3の自動運転では、機械では対処できないような状況になったときに、人間に運転を戻すことになっている。この機械から人間への運転の移譲は危険だという指摘が多い。第三章でも、日産自動車のコンセプトカーが、この問題があるためレベル3を設定しなかったことに触れた。

図4-2　アウディがレベル3の自動運転機能を搭載する新型「A8」
（写真：アウディ）

これに対して、アウディが実用化するレベル3は、例えばメールを読むといった、一見、運転とは関係ない作業をしているように見えても、実はクルマの機能に統合された端末で読む仕組みになっている。だから手動運転が必要になる緊急時には、映像を切り替えて、スムーズに人間の運転に移行できるように配慮している。

さらにその先のレベル4の自動運転についても、すでに第三章で触れたように、フォードやＢＭＷ、ボルボなどが２０２１年ごろの商用化を表明し始めた。フォードやＢＭＷが目指しているのは、ライドシェア向けの完全自動運転車だ。

これらの企業が実用化するレベル４の完全自動運転は、運転の範囲を特定のエリア、特定の道路に限定し、走行速度にも一定の制限を加えた形での実用化だと見られる。車両の種類については、いずれの企業も公表していないが、個人所有を想定していないことから、最初の商業化は小型バスのような車両になる可能性が高い。

このように、２０２０年代初頭に向けて、自動運転技術の開発は一段と加速する。一方で、自動運転技術の開発には多額の開発費用と多くの開発人員を必要とするため、すべての完成車メーカーが自社で開発を手がけるのは難しい。このため、大手自動車部品メーカーは、自動運転向けのセンサーやＥＣＵ（電子制御ユニット）だけでなく、自動運転システム全体を丸ごと完成車メーカーに供給できるように開発を進めている。

ボッシュやコンチネンタルといった大手部品メーカーはもちろんのこと、例えばスウェーデンの大手部品メーカーであるオートリブは、第三章で触れたように、ボルボと共同で自動運転システムを開発し、２０２１年から世界の完成車メーカーに向けて販売することを目指している。

法改正の動きも加速

これまで、完全自動運転の実用化は、高速道路でも2025年以降と考えられてきたが、これは自家用車を前提とした予測であり、運用のエリアを限定したライドシェアリングサービスでは、それを4年程度前倒しするペースで実用化が始まりそうだ。

一般消費者に販売する自家用車では、走行する地域や環境は千差万別であり、そうした様々な場所、状況でも完全自動運転を実現するのは非常に困難だ。完全自動運転車の場合、交通法規を厳密に守るため、思わぬところで止まってしまうことが考えられる。例えば住宅から伸びた木の枝が道路の上にかかっていて走行が困難だったとしよう。人間が運転するクルマなら、対向車線にはみ出して、木の枝を避けるが、完全自動運転車の場合には対向車線にはみ出せずに立ち往生するかもしれない。また、時間帯によって、西日で信号が見にくい場合にも、やはりクルマが止まってしまう可能性がある。さらに、雪で視界が悪くなったり、道路の車線が薄れて見にくい場合も、やはり走行は困難だ。

これに対して、地域や走行ルートが限定されたレベル4の自動運転なら、自動運転車の走行ルートを定期的に点検して、走行困難な場所がないかどうかを確認できるし、天候が悪ければ、運行サービスの休止もできる。自動運転のハードルが大幅に下がるわけだ。

限定的な自動運転の実用化を後押ししているのが関連法の急ピッチな整備である。2016年4月、完全自動運転の実現に向けて、世界が大きく動き出す「事件」が起こった。「運転手のいないクルマ」が公道を走ることを認めるという国際的な決定がなされたのだ。

現行の国際道路交通条約下では、運転者のいないクルマの公道走行を禁じており、それが完全自動運転車の公道での実験の障害だった。ところが国際道路交通条約の改正などを協議している国連欧州経済委員会（UNECE）は、「遠隔制御」を条件に無人運転車の公道実証実験を認めるという画期的な決定をしたのだ。

これまでレベル4の完全自動運転車を実現するには、ドライバーの乗車を前提とした現行条約の改正が不可欠と見なされてきたが、その改定を待たず、「遠隔制御」という条件は付くものの、ドライバーがいないクルマの公道走行が認められたわけだ。遠隔制御をする監視者が複数のクルマを同時に監視できるのかといった運用の条件はそれぞれの国に任されることになり、世界各国はいっせいに完全自動運転技術の実用化に向けて走り出した。

国家戦略でも2020年の無人自動走行サービスを目指す

これを受け、国内では2016年5月20日に決定された「官民ITS構想・ロードマップ2016」高度情報通信ネットワーク社会推進戦略本部（IT総合戦略本部）に基づき、2020年の東京オリンピック・パラリンピックまでに、無人自動走行による移動サービスや高速道路での自動走行が可能となるよう、2017年までに必要な実証実験を可能とする制度やインフラ面の環境整備を行うことになっている（図4－3）。

このロードマップを見れば分かるように、今後自動運転車の実用化は、いくつかの系統に分かれて進むと見られる。一つは、バスや乗り合いタクシーなど、公共性の強い交通機関における導入で、BMWやフォードが2021年の実用化を目指すライドシェアでの自動運転はこれに当たる。そしてもう一つが、自家用車への自動運転技術の導入である。

先に挙げた遠隔監視による自動走行は、ライドシェアでの完全自動運転の前段階と位置付けられる。このロードマップによれば、2017年から公道での実証実験を開始し、2020年にサービスを実現することになっている。具体的には、2020年の東京オリンピック・パラリンピックの開催をにらみ、会場となるお台場地区などで、無人バスを選手

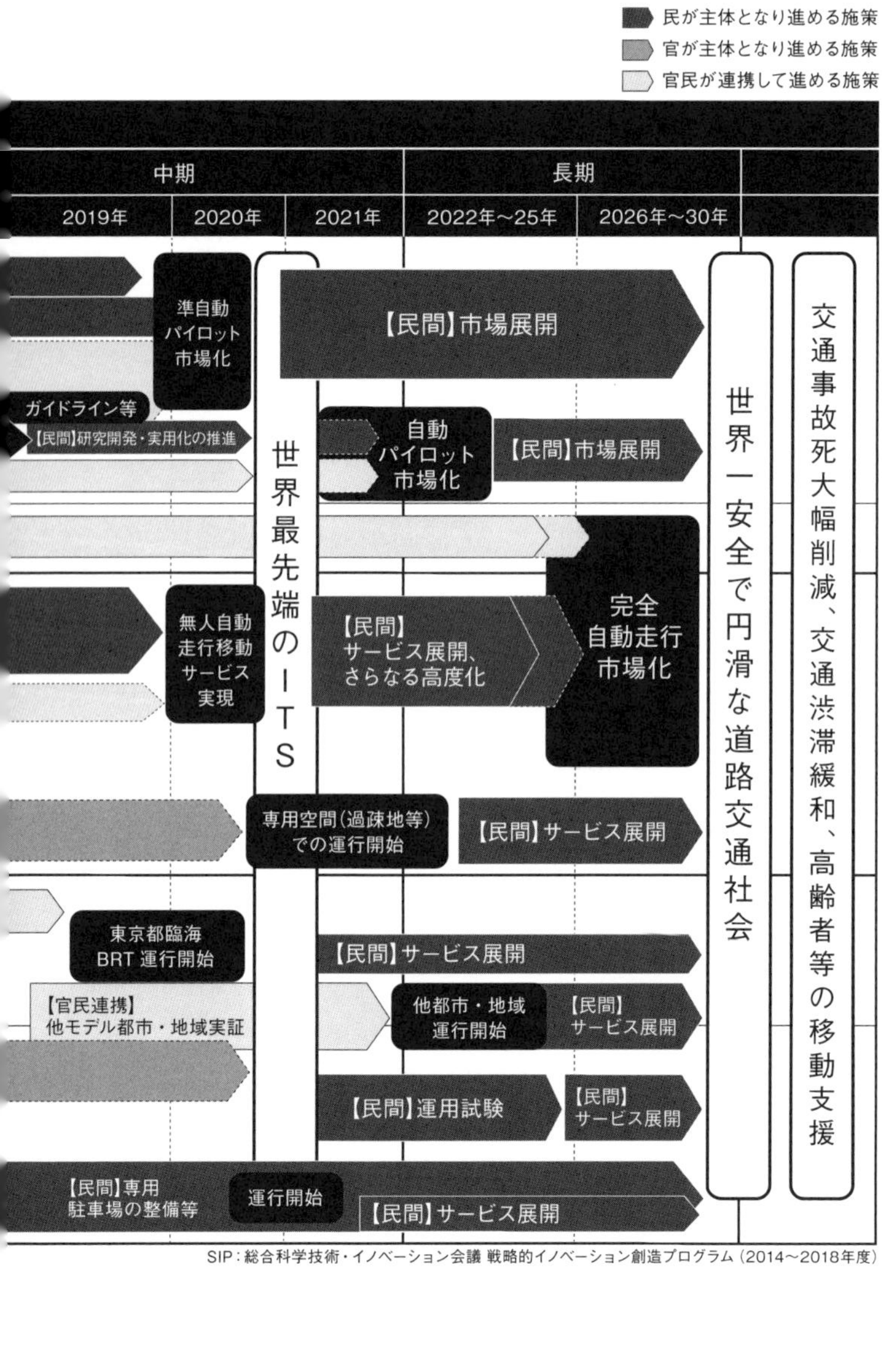

SIP：総合科学技術・イノベーション会議 戦略的イノベーション創造プログラム（2014～2018年度）

図4-3　「官民 ITS 構想・ロードマップ 2016」に示された自動運転実用化のロードマップ

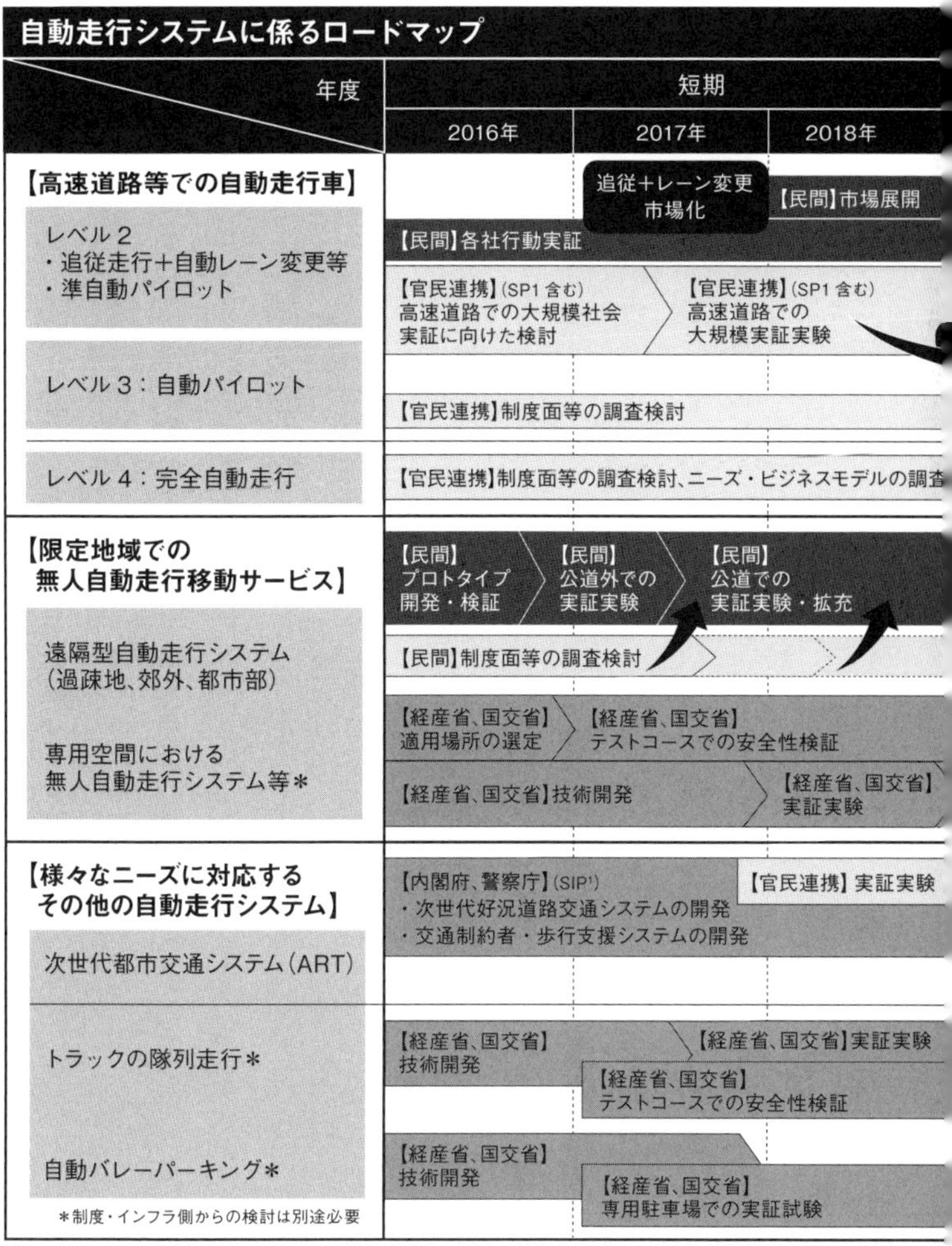
自動走行システムに係るロードマップ
年度
短期
2016年
2017年
2018年
【高速道路等での自動走行車】
レベル2
・追従走行＋自動レーン変更等
・準自動パイロット
追従＋レーン変更
市場化
【民間】市場展開
【民間】各社行動実証
【官民連携】(SP1 含む)
高速道路での大規模社会
実証に向けた検討
【官民連携】(SP1 含む)
高速道路での
大規模実証実験
レベル3：自動パイロット
【官民連携】制度面等の調査検討
レベル4：完全自動走行
【官民連携】制度面等の調査検討、ニーズ・ビジネスモデルの調査
【限定地域での
無人自動走行移動サービス】
遠隔型自動走行システム
(過疎地、郊外、都市部)
【民間】
プロトタイプ
開発・検証
【民間】
公道外での
実証実験
【民間】
公道での
実証実験・拡充
【民間】制度面等の調査検討
専用空間における
無人自動走行システム等＊
【経産省、国交省】
適用場所の選定
【経産省、国交省】
テストコースでの安全性検証
【経産省、国交省】技術開発
【経産省、国交省】
実証実験
【様々なニーズに対応する
その他の自動走行システム】
次世代都市交通システム(ART)
【内閣府、警察庁】(SIP1)
・次世代好況道路交通システムの開発
・交通制約者・歩行支援システムの開発
【官民連携】実証実験
トラックの隊列走行＊
【経産省、国交省】
技術開発
【経産省、国交省】実証実験
【経産省、国交省】
テストコースでの安全性検証
自動バレーパーキング＊
【経産省、国交省】
技術開発
【経産省、国交省】
専用駐車場での実証試験
＊制度・インフラ側からの検討は別途必要

図4-4　米ドミノ・ピザがオーストラリアでテストしている宅配ロボット「ドリュー」(写真:ドミノ・ピザ)

や観客の輸送に使ったり、これと並行して、過疎化・高齢化が進む地域での乗り合いバスや乗り合いタクシーに遠隔監視による無人走行移動サービスを導入することも考えられる。

さらに、公園や遊園地、ショッピングセンターなど公道外では、遠隔監視なしの無人車両による移動サービスも始まるだろう。第三章で触れたように、DeNAは幕張のイオンモールで、無人車両による移動サービスの試験的な提供を2016年に実施した。

こうした無人走行車両による移動サービスは、人の移動を便利にするだけにとどまらない。第二章や第三章で触れたように、ロボットタクシーはヤマト運輸と提携し、自動運転を活用した次世代物流サービスの開発を目指して実用実験を2017年3月から1年間実施すると発表した。プロジェクト名は「ロボネコヤマト」で、市販車をベースに、後部座席に荷物の保管ボックスを設置した専用車両を使用する。

個別配送を自動化しようという試みも始まっている。例えばピザの宅配サービスを展開する米ドミノ・ピザは、ピザを注文した家に直接届ける小型の宅配ロボットのテストを始めている。米国のベンチャー企業であるFatdoor社も、歩道を走行する小型の宅配ロボットを使ったサービス展開を検討しており、無人車両を活用した新サービスの模索もこれから続きそうだ。

高速道路・複数車線の自動走行を2018年に実用化

一方、自家用車の自動運転技術はどのように進化していくだろうか。第三章で触れたように、日産自動車は、2016年の高速道路・単一車線での自動運転の実用化に続き、2018年から高速道路・複数車線での自動運転を、2020年には一般道での自動運転を実用化すると表明している。ただし、日産は2020年の一般道での自動運転でも、人間が常時システムを監視するレベル2を想定している。

現在実用化されている高速道路・単一車線での自動運転に次いで実用化が予定されてい

る高速道路・複数車線での自動運転は、走行車線を自動走行中に、前に速度の遅いクルマが走っていたら、後方から近づいてくるクルマに注意しながら、追い越し車線に移動し、クルマを追い越したあとに、再び走行車線に戻る、という一連の作業を自動化したものだ。

この複数車線を自動運転する機能の実現には、追い越し車線へ移動するときや、走行車線に戻るときなどに、後方からクルマが近づいてこないかどうか、同時に車線変更をしようとしているクルマがないかなど、周囲の状況の確認が必要で、単一車線を走行するだけの自動運転に比べて、技術的な難度は大幅に上がる。

高速道路での複数車線を走行可能な自動運転技術の次の段階は一般道路も含めた自動運転ということになる。一般道路では、高速道路に比べて歩行者や自転車、信号、踏切など、考慮に入れなければならない要素が増えるし、他の車両や歩行者の動きを考慮に入れた「判断」が求められる場面が増えるため、さらに高度で複雑な制御が必要になる。

したがって、一般道路といっても、すべての道路が対象になるわけではなく、主要な幹線道路での自動化が最初の目標になるだろう。実用化が当面先になりそうなのが、生活道路での自動運転だ。交差点に信号がなく、道幅が狭く、車線も明確に描かれていないような道路では、住宅の玄関から小さな子どもが飛び出してきたり、見通しの悪い交差点でクルマや自転車が横から出てきたりといった、予測しにくいことが起こる。また、生活道路では、ボールが転がり出てきたら、その後を子供が追って飛び出してくるなど、予測が必要な場面もある。このように生活道路では、高速道路や幹線道路に比べて、人間とクルマの分離が不明確な分、より高度な認知や判断が求められる。このため、生活道路でも、人間の操作がほとんど不要な自動運転が実現する時期について、現在明確にしている自動車メーカーや部品メーカーは、まだないのが実情である。

したがって当面は、自動運転が可能な道路が限定された状態で、実用化が進むと考えられる。自動運転を利用するシーンは次のようになるだろう。まずクルマに乗り込み、現在のカーナビと同様に、自動運転システムに目的地を入力すると、目的地までの道順が示される。この目的地までの道順の中で、自動運転が可能な区間が示され、これを運転者が確認して、誘導開始のスイッチを押す。

もし、出発地点が幹線道路であれば、そのままスタートできる。そして、目的地が自動運転可能な区間に入っていなければ、目的地近くに来ると、車両が運転者に、手動運転への切り替えを促し、運転者は手動運転に切り替える。もし運転者が手動運転に切り替えなければ、車両は路肩に停止して、手動運転への切り替えを待つことになる。

では、自家用車でもレベル4、あるいはレベル5に近い自動運転が可能になる時期はいつごろだろうか。その予測は困難だが、先ほど挙げた「官民ITS構想・ロードマップ2016」においては、高速道路でのレベル4の実現時期として、2025〜2030年ごろを目指すことが示されている。ということは、幹線道路を中心とした主要な一般道路でのレベル4以上の自動運転は、2030年ごろが実現の一つの目安になるだろう。

実際、2016年1月に開催された家電見本市「CES 2016」で韓国・起亜自動車は「2030年に完全自動運転の実用化を目指す」と表明した。多くのメーカーが2030年ごろを一つの目標として完全自動運転の開発に取り組んでいることは間違いない。

駐車の自動化も早期に実現

高速道路や幹線道路での自動運転のほか、比較的近い時期に実用化が期待されるのが駐車の自動化である。これは、特に米国で強く求められている機能で、ショッピングモールなどの駐車場で、クルマが自動的に駐車場所を見つけ、自動的に駐車するというものである。駐車が苦手な運転者が少なくないうえ、米国のショッピングモールの駐車場は非常に広く、駐車場所からモールまで歩くのも大変だ。また、広い駐車場の中で、自分のクルマをどこに停めたか分からなくなることもある。

自動駐車システムを備えたクルマなら、ショッピングモールの入口でクルマを降り、リモコンで自動駐車システムを動作させると、あとはクルマが自動的に空きスペースを見つけて駐車する。買い物を終え、ショッピングモールの出入口で、スマートフォンを使って自分のクルマを呼び出すと、クルマが迎えにきてくれる。

ただ、米国のような平面の駐車場での実用化は比較的容易であるが、日本のショッピングモールのような立体駐車場での実用化は、クルマ寄せがあまりないということも含めて、実用化は難しいかもしれない。

第二節

自動運転技術開発の歴史

このように自動運転車は着実に実用化に近づいている。それにしても、かつては夢の技術と考えられてきたこの技術がなぜ最近になって現実に近づいてきているのか。ここで少し歴史を遡ってみよう。

道路に車両を誘導させる

自動運転技術の開発の歴史は古く、1950年代から60年代にかけて始まっていた。初期の自動運転技術は、車両単独で実現するのではなく、道路の側にも自動運転のための設備を付け加え、車両と道路が協調することで実現させるという考え方が主流だった。

例えば1950年代から60年代には、米国、欧州では道路に車両を誘導するためのケーブルを敷設して、ステアリングの操作を自動化する自動運転技術が検討された。ただしこのシステムは、道路に誘導ケーブルを埋設し、交流電流を供給しなければならないので、公道への展開が難しく、一部の完成車メーカーが、テストコースでの車両実験に使うなどの段階にとどまっていた。

その後、誘導ケーブルではなく、磁気マーカと呼ばれる永久磁石を道路に埋め込む方式が検討されるようになった。車両の中央を磁気マーカが通ることで、車両の方向を制御するという仕組みだ。

実際、日本では１９９６年に、まだ一般に使われる前の上信越自動車道の小諸付近で、磁気マーカを２ｍおきに道路に埋め込み、11㎞の距離を、11台の車両が列になって自動走行する実験が行われた。

この、道路に磁気マーカを埋め込んで車両を誘導するという考え方は、その後２００５年に開催された日本国際博覧会（愛・地球博）で会場内の交通手段の一つとして導入された「ＩＭＴＳ（Intelligent Multimode Transit System）」と呼ばれるバスに使われた。このＩＭＴＳは、磁気マーカを埋め込んだ専用道路は無人・自動で運転し、公道は人間が運転するバスで、自動運転区間は片道約１・６㎞、人間による運転区間は片道約０・８㎞だった。

このＩＭＴＳは、専用道路での操舵、発進、停止といった自動運転機能のほか、車両同士が通信することによって、３台程度までの車両が列になって自動的に走る「隊列走行」もできた。

軍用車両の無人化研究が発端に

しかしこの時期、すでに新しい考え方の自動運転技術が芽生えていた。そのきっかけとなったのは、米国防総省のDARPA（国防高等研究計画局）が、軍用車両の無人化研究の一環として実施した「グランド・チャレンジ」である。それは砂漠のオフロードを無人車両で走破する競技会で、世界で初めての、無人車両による長距離競技となった。

この競技は、「2015年までに軍事用地上車両の1／3を無人化する」という国防総省の目標に基づいて実施されたもので、2004年に開催された第1回の「グランド・チャレンジ」は、米国のモハーベ砂漠で実施された。しかし、DARPAの期待とは裏腹に、228kmのコースを完走できた車両はなく、最も長く走ったカーネギーメロン大学の車両ですら、11・9kmしか走行できなかった。

そもそも、このレースに出ること自体が難関だった。例えば「グランド・チャレンジ」に出場するための車両の適格審査でも、当初はたった1台しかパスできなかったという。この適格審査は、カリフォルニア・スピードウェイにわずかな溝や凸凹を付けた1・6kmほどのコースを走るというものだが、完走できたのはカーネギーメロン大学の車両1台だけで、走行距離が50ｍに満たない車両も続出したようだ。結局ＤＡＲＰＡは参加規定を変更し、ほとんどのチームが本番のレースに出場できるようにした。

しかし翌年になると、各チームの車両の性能は著しく向上する。賞金を２００万ドルと前年よりも倍増して実施された２００５年の「第2回グランド・チャレンジ」は、優勝した初出場のスタンフォード大学をはじめ、2位、3位のカーネギーメロン大学など全部で5台が完走した。1位のスタンフォード大学の完走までの所要時間は6時間53分。平均時速は約31㎞だった。

もっとも、実際に軍事用車両が運用される地域には、市街地が含まれる場合が多いため、市街地を無人で走れる車両の開発が次の課題となった。この目的のために実施されたのが２００７年の「アーバン・チャレンジ」である。

それは、米カリフォルニア州ビクタービルの空軍基地の跡地に作られた市街地作戦の軍事訓練のための模擬都市で実施された。2回の「グランド・チャレンジ」が、ひたすら砂漠を走っていたのに対して、今回は市街地を想定したルートを交通ルールに従って走行することが各チームに要求された。

実際の市街地での走行を想定するため、人間が運転する車両も走行させるなど、より現実に近い状況を再現して、競技を実施した。11台の自動運転車は、事前に指定されたルートを走行するだけでなく、所定の場所で駐車やUターンなどをしなければならない。さらに、カリフォルニア州の交通規則を守りながら、制限時間内のゴールが要求された。

結果は、1位がカーネギーメロン大学、2位がスタンフォード大学、3位にバージニア工科大学が輝いた。受賞3チームは、一切の交通違反がなく、また1位だったカーネギーメロン大学の平均速度は時速約23㎞だった。

世界で開発競争が激化

この「アーバン・チャレンジ」の結果を見ると、2004年の「第1回グランド・チャレンジ」から3年半ほどしか経っていないにもかかわらず、自動運転技術は目覚ましい進歩を遂げたことが分かる。第1回の「グランド・チャレンジ」では、優勝したカーネギーメロン大学でも12㎞足らずしか走れなかったのに対し、「アーバン・チャレンジ」では、5台が他の車両も混走する難しいコースを完走した。

この「アーバン・チャレンジ」が、世界で自動運転技術の開発競争を激化させるきっかけとなった。第三章で触れたように、トヨタ自動車が自動運転の実験車両の開発に取り組み始めたのは、「アーバン・チャレンジ」の翌年の2008年のことだ。

トヨタだけでなく様々な企業が自動運転技術の開発に取り組み始めた。その代表的な企業が、米国の大手インターネット企業であるグーグルである。グーグルは2010年に自動運転車を開発中であることを初めて表明した。以来、10台以上の実験車両を制作し、ネバダ州やカリフォルニア州の公道で実験を繰り返している。

グーグルの自動運転技術の開発の基盤となっているのは、「アーバン・チャレンジ」で1位、2位となったカーネギーメロン大学とスタンフォード大学との研究成果である。カーネギーメロン大学やスタンフォード大学で「アーバン・チャレンジ」に挑んだ研究メンバーがグーグルに入り、自動運転技術の開発の中心となっている。

第三節

自動運転を可能にする技術とは

このように自動運転技術は、かつては道路に埋め込んだ誘導ケーブルや磁石など、道路側のインフラが実用化には不可欠だと考えられてきた。だから、つい5～6年前まで、自動運転の実現にはインフラが必要という思い込みが日本のエンジニアには強く、車両単独で走行可能な自動運転技術に関して半信半疑だったようだ。それでは、こうした道路側のインフラなしに、現在の自動運転はどういう仕組みで実現しているのだろうか。

3Dデジタル地図を作りながら走行

自動運転を成立させる技術としてまず前提になるのが、現在、自分がどこにいるのかという位置情報を正確に知ることだ。このために、多くのメーカーの自動運転の実験車両が使っているのが、第三章でも紹介した米ベロダインのLiDARである。もしも読者の中で、ユーチューブなどの動画投稿サイトでグーグルの自動運転車の動画を見る機会があれば、屋根の上に注目してほしい。ちょうどパトカーのサイレンのように、くるくると回転する円筒形の物体があるはずだ。それがベロダインのLiDARである。

それは、周囲360度、100m以内くらいの範囲内の物体までの距離、位置や形状を数cmレベルという非常に小さな誤差で検知できる。このセンサーを使って、自分の車両の位置を認識する技術は、「SLAM」という自律型移動ロボットで使われているものだ。

これは、ベロダインのLiDARによって、走りながら周囲360度の3Dデジタル地図を作り、一瞬前の地図情報と、現在の測定値を比べて、その違いから自車の位置がどれくらい移動したかを推定するというものだ。原理的には、出発点の位置が分かっていれば、その後の位置は、そこからどの程度移動したかという推定値の積み重ねによって分かるはずだ。

GPSなども併用

SLAMは、インフラなしで自動走行するために最も早くから検討された手法だ。特に「グランド・チャレンジ」のように、地図のない砂漠のようなところを走行するのに適している。ただ、実際の街中で、この手法だけで走行するのは難しい。それは、走行するうちにどんどん誤差が大きくなるからだ。

車両は常に移動しているので、センサーが1回転する間にも、その測定位置は刻々と変わる。ベロダインのセンサーは1秒間に約10回回転するのだが、例えば時速36㎞で走行している場合、車両は1秒間に10ｍ、センサーが1回転する間にも、1ｍ動いてしまう計算だ。移動しながら周囲の3Dデジタル地図をリアルタイムで生成するので、できた地図に誤差が生じるのは避けられない。また、路面の凹凸などによっても、できた地図の精度は低下するので、瞬間瞬間に生じる誤差は小さくても、積み重なれば、大きな誤差になる。このため、現在の自動運転車は、SLAMを使わないものも増えている。

現在の自動運転車で最も多く使われている手法が、事前に作成しておいた正確な3Dデジタル地図を、あらかじめシステムに内蔵しておくといったやり方だ。内蔵した3Dデジタル地図のデータと、リアルタイムに測定しながら作成する3Dデジタル地図を照合することによって、車両がいま地図上のどの位置を走っているかを推定するという手法である。これなら、地図が正確であれば、かなりの精度で自車両の位置を知ることができる。

しかしこの方法にもいくつかの課題がある。一つは地図の確保だ。この方法では、当然のことだが、3Dデジタル地図のないところでは走行できない。しかし3Dデジタル地図の整備にはコストも時間もかかる。

また3Dデジタル地図のデータサイズはかなり大きいため、例えば日本全国の地図をあらかじめ車両に内蔵しておくことは難しく、実際の商業利用では、目的地までのルートを決定すると、そのルートを走行するのに必要な地図データを通信回線によってダウンロードするということになりそうだ。そのためには高速の通信回線が必要で、現在の携帯電話で使われている「4G（第4世代）」通信では速度が足りず、2020年ごろから実用化が始まる次世代通信の「5G（第5世代）」通信が必要だとの指摘もある。

逆に、これほどの高速通信を必要としなくても済むように、地図のデータを圧縮できるようなフォーマットを提案する企業や研究者もいる。このように、現在はフォーマットが業界内で統一されておらず、様々な地図フォーマットが林立している段階だ。国内でもこの状況なのだから、世界全体での地図フォーマットの統一はまだ遠い。もしバラバラのままだと、各社が個別に地図を整備することになり、効率が悪い。

このため、国際的な標準化の動きも始まっている。2017年3月19日付の日本経済新聞は、日独両政府が次世代自動車の開発や規格策定を巡って、包括的な協力関係を築くことで合意したと伝えた。EVの新たな超急速充電方式や、自動運転に不可欠な3Dデジタル地図の開発で協力する。このうち３Ｄデジタル地図では、欧州のデジタル地図大手のＨＥＲＥと日本のメーカー各社で作る３Ｄデジタル地図の企画会社「ダイナミックマップ基盤（ＤＭＰ）」の提携協議を開始する。日本とドイツによる標準化の作業がうまく進めば、これが世界の標準へと発展する可能性も出てくる。

ＧＰＳの高精度化も

もう一つの自車位置の特定手法が、現在のナビゲーションシステムでも使われているＧＰＳ（全地球測位システム）を使う方法である。ＧＰＳは、人工衛星からの信号を基に、三角測量の原理で現在位置を測定している。地球の上空には、もともと米国が軍事用に打ち上げた約30機のＧＰＳ用人工衛星がある。この人工衛星からは、絶えず、自分の位置と時間についての信号が発信されている。原理的には、３機のＧＰＳ衛星からの信号を受け取れば、それぞれの衛星の位置と、その信号が発信された時間と、その信号を受け取った時間との差から、自車両と衛星の距離が分かり、自車両の位置を推定できるはずだ。

実際にはそれぞれの衛星に内蔵されている時計や、自車両の時計に誤差があるため、それを補正するのに、もう一つの衛星からの信号を使う。つまり現状のＧＰＳシステムでは4機のGPS衛星からの信号を、現在位置の推定に使っている。

しかし、GPSを使う方式も、トンネルの中など、GPS衛星からの信号が届かない場所では使えないという難点がある。また、現状のGPSでは、誤差が5m程度あり、単独での測定精度は十分ではない。このため、世界各国で、より精度の高い準天頂衛星を使った次世代のGPSシステムの構築が進んでいる。日本では最初の準天頂衛星である「みちびき」の初号機が2010年に打ち上げられ、2018年には4機体制の運用が始まり、2020年には7機体制になる予定だ。準天頂衛星の運用が始まると、現在5m程度と言われる位置誤差は数cmまで小さくなるといわれている。

現実的には、SLAM、3Dデジタル地図、GPSの三つの方法を組み合わせながら、自車両の位置をなるべく精度よく推定することになるが、現在実用化が検討されている自動運転車のほとんどは、先ほども触れたようにSLAMを使っておらず、3Dデジタル地図とGPSの組み合わせによって推定している。

例えばホンダの自動運転の実験車両は、基本的な自車位置の推定はDGPS（位置の分かっている基準局が発信するFM放送の電波を利用して、GPSの計測結果の誤差を修正して精度を高める技術）とジャイロセンサーを使い、これにLiDAR（ホンダの呼び方では3次元レンジファインダ）

図4-5　ホンダの自動運転の実験車両

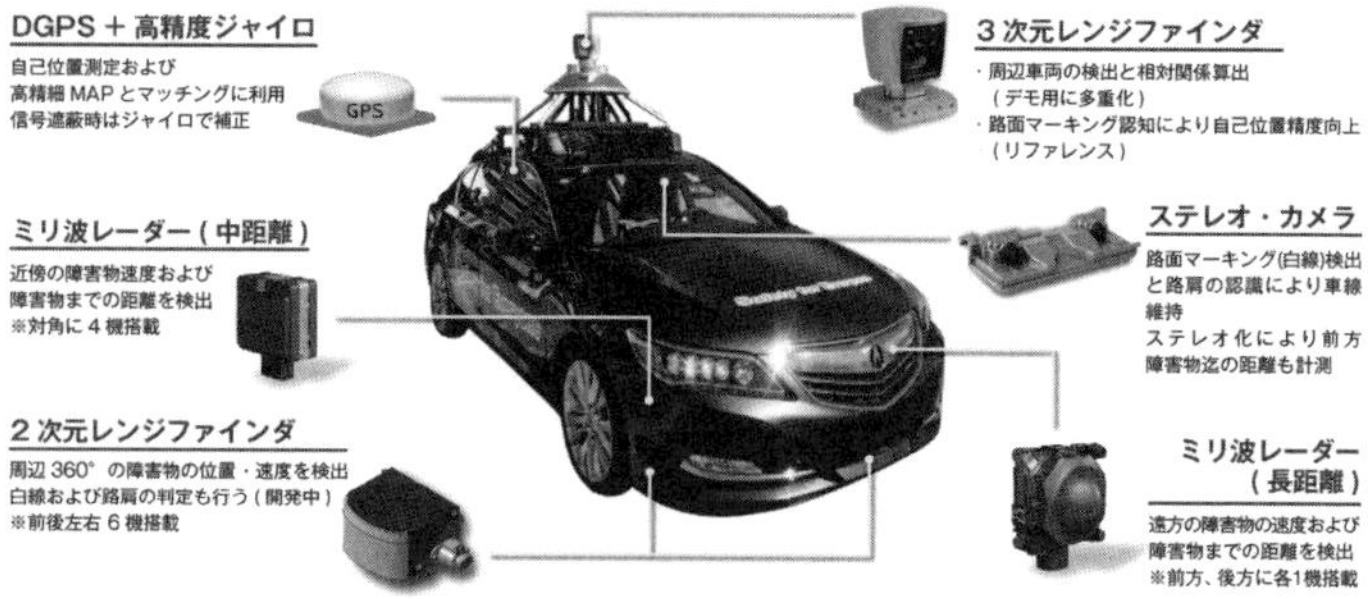

DGPSとLiDAR（ホンダの呼び方では3次元レンジファインダ）を組み合わせて自車位置を推定する（写真：ホンダ）

を組み合わせて自車位置の推定精度を向上させる方式を採っている。

空いている場所を見つける

自車両の位置を把握することに加えて、もう一つ必要なのが、目的地に向かって最適な走行経路を決定することだ。目的地までの経路自体は、現在のナビゲーションシステムでも割り出せる。通信機能を備えた最新のナビゲーションシステムでは、渋滞や通行止めなどの情報をリアルタイムで考慮に入れた時間的に最短の経路を選択できる。システムによっては、燃料消費量が最も少なくて済む経路、景色のきれいな経路などを選べる機能を備えている。だから、目的地までの経路を選択すること自体は、現在の技術でも難しくない。問題は、道路上のどこを通るべきかという、より細かい走行経路の決定である。実際の道路上には、路肩に駐車したクルマや、右側の車線で信号待ちをしている車両などがある。こうした道路上の障害物を避け、自車両が通れるところを探しながら走行する必要がある。

走行経路を決定するうえで基本となるのが、走行可能な空間を把握することだ。先に紹介したLiDARには、車両の周囲360度の立体的な地図を作る機能があることを説明したが、この3Dデジタル地図によって、周囲のどこに、どのような形状の物体があるのかが分かる。この測定結果から、車両の進路上で、走行できそうな空間がどこにあるのかを把握する。こうして割り出した経路に沿って走行する際に、先に紹介した三つの方法を併用して自車両の位置を把握し、進路上の走行できる空間を確認しながら走る、というのが自動運転車の基本的な原理である。

障害物を避ける

進路上で走行できそうな空間がどこにあるのかを把握するためには、単に道路やその周辺の形状を知るだけでなく、歩行者や路肩に停車した車両、路肩を走る自転車など、道路上にある様々な物体を検知する必要がある。そのために必要になるのが様々なセンサーだ。現在、自動運転車のセンサーで「三種の神器」と呼ばれているのが「カメラ」「ミリ波レーダー」「LiDAR」の三つである。このうちカメラは、レンズなどの「光学系」と、レンズを通して外界から入ってきた光を電気信号に変換する「イメージセンサー」の二つの要素から構成されている。私たちが日常的に使っているデジタルカメラやスマートフォン内蔵カメラと同様の機能を備えたものだと考えてもらえばいい。

ミリ波レーダーは、文字通り波長が1〜10㎜、周波数が30〜300GHzの「ミリ波」を使うレーダーである。このミリ波を前方に照射し、物体にぶつかって反射してきた信号を、アンテナで受信して、電波を発射してから戻ってくるまでの時間を測ることで、物体との距離を知ることができる。

電波の周波数（波長）には様々なものがある。例えば、携帯電話ではいま、「つながりやすい周波数」として700〜900MHz帯の「プラチナバンド」が使われているが、この周波数帯の電波には、物体の陰などに回り込みやすく、建物の陰でも電波が届きやすいという性質があるからだ。一方で、ミリ波レーダーで使っている30〜300GHz帯の電波には、指向性が高いという性質がある。指向性が高いとは、ある方向だけに電波が強く伝わり、そのほかの方向にはあまり電波が広がらないことだ。電波があまり広がらず、物体があるかどうかを知りたい範囲にだけ電波を当てられるので、どこに物体があるのか、その物体との距離はどの程度なのかを正確に知るには都合がいい。現在、クルマに使われているミリ波レーダーでは、76～77GHzの電波が使われている。

そして最後のLiDARは、電波ではなく、赤外線レーザー光を車両の前方に照射し、その反射光が戻ってくるまでの時間から、物体までの距離を測定する。物体の有無や物体までの距離を測定する原理はミリ波レーダーと同じなのだが、ではなぜミリ波レーダーとLiDARを両方とも装備するのか。それは、レーザー光の指向性がミリ波レーダーよりもさらに高く、ビームを小さく絞り込むことが可能だからだ。このため、物体がどこにあるか、物体との距離がどの程度か、ということをミリ波レーダーよりも高い精度で検知できる。その精度は、LiDARの設計にもよるが、数cmといわれている。

これだけ高い精度を備えているので、LiDARでは物体の有無や物体との距離だけでなく、その形状まで捉えられる。一方、ミリ波レーダーは電波を使うので、金属のように電波の反射率の高いものを捉えることは得意だが、電波の反射率が低い人間や動物などを精度よく捉えるのが苦手だ。これに対してレーザー光は、歩行者など金属製でない物体も精度よく検知できる。すでにカメラやミリ波レーダーは多くの量産車に搭載されており、性能・コストともかなりこなれてきている。これに対して自動運転車に搭載できるような機能を備えたLiDARはまだコストが高く、量産車に搭載された実績はない。

完成車メーカー各社が自動運転の実験車両に使用しているのは、第三章でも紹介した米ベロダインのLiDARである。これはレーザー発信器を取り付けたヘッドを回転させ、車両の周囲360度をスキャンして物体からの反射光を検知し、周囲の物体との距離や形状を把握するものだ。しかしこのLiDARは価格が数百万円と、とても市販車には使えない。

実は、高速道路の自動運転だけなら、LiDARは必ずしも必須ではない。例えばスバルは、2020年に高速道路・複数車線での自動運転技術の実用化を表明しているが、「お客様のお求めやすい価格で商品化する」(同社)との方針から、人間の眼のように二つのカメラを並べた「ステレオカメラ」と、低コストのミリ波レーダーをクルマの四隅に取り付けるだけの簡素な構成にする方針だ。これなら、コストはそれほど上昇しないで済む見通しだ。

一般道での自動運転をにらむ

しかし、一般道路での自動運転では、LiDARは二つの意味で必須になると見られている。一つは、現在位置を知るためだ。高速道路中心の自動運転なら、現在位置はGPS(全地球測位システム)をベースに把握することが可能だ。GPSによる位置検出には10m程度の誤差があるが、高速道路の走行中なら、前後方向の5m程度の誤差はあまり問題にならない。また左右方向の誤差は、車線をカメラで認識することで修正できる。トンネル内でも、車線をカメラで認識していれば走行を続けることは可能だ。

ところが一般道路では、現在位置の把握が格段に難しくなる。一般道路では車線が消えかかっているところや、交差点のように途切れているところもあり、車線だけを頼りに横方向の位置精度を修正することはできない。また前後方向についても、5mも位置誤差があったら、右左折の位置が大きくずれてしまう。さらに言えば一般道路では、建物の陰になって、GPS信号を受信できないような状況も増える。

このため、先に触れたように建物やガードレールといった道路周囲の物体の形状まで織り込んだ3Dデジタル地図データと、LiDARで捉えた周辺の物体の形状を照らし合わせながら自車位置を割り出すことがどうしても必要だ。

そしてLiDARが必須なもう一つの理由が、周囲の物体との正確な距離測定である。一般道路では、狭い場所の通り抜けなど、周囲の物体との距離を正確に測りながら走行する状況が頻繁にある。そのためには数cm単位で周囲の物体との距離を測定できる車載センサーが必要だが、現状のカメラやレーダーでは、これだけの精度を保つのは難しい。近距離の物体を精度良く捉えるセンサーとしては超音波センサーがあるが、これは測定可能な距離が5m程度と短く、自動運転用センサーとしては能力が足りない。

自車位置の特定という意味でも、周囲の障害物との距離を正確に測るという意味でも、一般道路での自動走行にはLiDARが不可欠なのである。しかし、先ほど説明したように、量産車に搭載できるレベルのコストと、自動運転を可能にする性能を両立させたLiDARはまだ存在しない。このため、ベロダインに加えて、第三章で説明したクァナジーやパイオニアといった、この分野への新規参入企業が、低コストで高性能のLiDAR開発でしのぎを削っているところだ。

クルマが「センサーだらけ」になる

ただし、LiDARを搭載すれば、その他のセンサーが不要になるということでもない。LiDARが検知できる範囲は、通常100m以内。それ以上離れるとレーザー光が減衰するからだ。また、雨や雪など、悪天候になると検知範囲はさらに狭くなる。しかし、高速道路などを走行する場合には200m以上遠くの物体の検知が必要であり、ミリ波レーダーも必須だ。

一方で、ミリ波レーダーは物体との距離は把握できても、その物体の正確な位置や形状は分からない。LiDARならその物体の位置や形状は分かるが、その物体が何なのかを把握するのは難しい。例えば自動運転では、標識や道路表示を読み取って、一時停止したり、制限速度で走行したりすることが必要だ。このため、周囲の物体が何なのかを知るためにはカメラの搭載も不可欠だ。

それでは、一般道路での自動運転を実現するのにどれだけの数のセンサーが必要になるのか。メーカーや予測機関によって違いがあるので一概には言えないのだが、例えば日産自動車が市街地での自動運転の実験車両に搭載しているセンサーは、12個のカメラ、4個のLiDAR、5個のミリ波レーダーと、合計21個にも上る。矢野経済研究所は、ADAS（先進運転支援システム）に使う車載センサーの市場は、2014年の3000億円規模から2020年にかけて9000億円規模へと3倍以上に膨らむと予測している。

頭脳の進化も必要

こうしたセンサーは、人間でいえば眼や耳にあたり、単に外界の情報をそのまま捉えるだけにすぎない。そうした情報の意味を解釈し、その結果どのように走行するのかを決定するには、人間の頭脳にあたる部分が必要だ。このために自動運転車には、高性能のコンピューターが搭載されている。

自動運転車に搭載されているコンピューターの役割は大きく分けて二つある。一つは、センサーからの情報を基に、外界の状況を正しく認識すること。そしてもう一つが、認識した外界の情報を基に、どのように走るべきかを正しく判断することだ。ここで難しいのが、クルマの周囲にある物体が何なのかを正しく見極めること、そしてもう一つが、そうした状況が今後どう変化するのかを予測しながら正しい判断をすることだ。

歩行者を「歩行者だ」と認識するために、現在の運転支援システムでは、主に「パターンマッチング」という手法が用いられている。これは、例えば人間を認識する場合であれば、人間の形状の特徴を「辞書」としてシステムに内蔵しておき、カメラが捉えた画像をこの辞書と照らし合わせて判断するという手法だ。

もちろん、実際のカメラで撮影した画像と「辞書」に登録された内容が完全に一致することはありえないから、どの程度の誤差を許容するかも併せて決めておく。とはいっても、歩いている人、走っている人、カバンを持っている人など、同じ歩行者といっても実際の形状は千差万別だから、「辞書」には何百、何千という歩行者の形状のパターンが記憶されている。歩行者かどうかを判別するとき、運転支援システムの内部では、いまカメラに映っている画像が歩行者かどうかを判別するために、瞬時に多数の照合作業が行われているわけだ。同様の作業は、車両を認識したり、自転車を認識する場合でも行われている。

しかしこうしたパターンマッチングの手法は、認識率（正しく認識できる比率）の向上という点で限界があった。この従来の手法の限界を超えて高い認識率を実現できる技術として注目されているのがディープラーニングだ。

ディープラーニングは、「脳の神経細胞であるニューロン細胞のネットワークを模したニューラルネットワーク」を3層以上重ねた「ディープ・ニューラル・ネットワーク（DNN）」

をコンピューターの中に作り込み、このＤＮＮに大量の画像データを読み込ませ、何が歩行者で、何が車両か、などを学習させる手法だ。

ディープラーニングが画期的なのは、従来の手法で必要だった「特徴抽出」というプロセスなしに高い認識率を実現できる点だ。従来の手法では、例えば歩行者の形状的な特徴を「高さは１・５～２ｍ程度」「頭部があって肩の段差があって…」といった具合に、人間が抽出して、コンピューターに教え込む必要があった。

これに対してディープラーニングでは、人間が特徴抽出するプロセスなしに、歩行者の生の画像データを大量に読み込ませることで、高い認識率を実現できる。２０１２年の「ILSVRC(ImageNet Large Scale Visual Recognition Challenge)」という大規模画像認識技術のコンテストで、ディープラーニングを用いた画像認識技術が、２位以下に圧倒的な差を付けた認識率で１位となった。それが、ディープラーニングが注目されるきっかけとなった。

▨クルマへの搭載が可能に

しかし最近まで、ディープラーニングを自動運転車に搭載するのは現実的ではなかった。というのは、ＤＮＮの実現には高性能のサーバーを何十～何百台も接続して大規模なネットワークを構築する必要があったからだ。

これに対し第三章で紹介したエヌビディアは、対象物を学習させるためのＤＮＮの構築には大規模なスーパーコンピューターを使用するが、学習が終了すれば、応用に必要なネットワークのモデルだけを抽出し、同社の高性能ＧＰＵの１チップに実装するという手法を提案した。つまり、自動運転に必要な程度の能力を備えたＤＮＮは、すでに車両に搭載できることを示したわけだ。エヌビディアのＧＰＵは、現在自動運転技術では最も進んでいるといわれるグーグルの自動運転の実験車両でも使われている。

もっとも、自動運転へのディープラーニングの応用はまだ研究開発の段階で、ＧＰＵにも消費電力の多さや、コストの高さなどの課題が残っている。自動運転車へのディープラーニングの応用では、第三章で紹介したモービルアイや東芝は、ＧＰＵよりもプログラムの自由度は低いが、消費電力やコスト面で有利な自動運転車専用の半導体を開発中であり、自動運転車の頭脳でどんな半導体が主流になるか、その帰趨はまだ見えていない。

人とのコミュニケーションをどう取るか

認識ということとは少し違うが、現在の技術でまだ十分に考慮されていないのが、周囲の環境とのコミュニケーションである。例えば、横断歩道を渡ろうとしている子供がいて、クルマが停車した場合に、人間が運転するクルマなら、子供に手ぶり身ぶりで「渡りなさい」という意思を伝えることができる。ところが、現在の自動運転のクルマには、こうした意図を歩行者に伝える手段がない。

別のケースもある。渋滞した道路では、並んだ車列に割り込まなければならないケースも出てくるが、人間が運転するクルマなら、手を振ったり、会釈をしたりして、何とか入れてもらうことができる。ところが機械が運転するクルマでは、安全な空間が確保されないと、なかなか車列に入れないというケースが考えられる。

自動運転車が実用化され始める状況では、人間が運転するクルマと、機械が運転するクルマが同じ交通環境の中で共存することになる。こうした状況では、歩行者と自動運転車のコミュニケーション、あるいは、人間が運転するクルマと自動運転車のコミュニケーションの手段が必要になると考えられる。現在のクルマでも、自分の車両の状況を歩行者や他のクルマに知らせるために、左右に曲がることを示すウインカーや、ブレーキをかけていることを示すストップランプなどが装備されているが、自動運転車では、こうした装備に加えて、自分の車両の状況をもっと詳しく歩行者や他の車両に知らせるためのディスプレ

図4-6　日産自動車の自動運転コンセプト車「IDS Concept」

フロントウインドー下のディスプレイに「お先にどうぞ」など、歩行者向けのメッセージを表示できる
（写真:日産自動車）

イが必要になるだろう。

例えば、横断歩道では歩行者に対して「どうぞ」と、車列に割り込ませてもらったら後方の車両に対して「ありがとう」といった内容を表示する、そうした機能を備えたディスプレイを車体に取り付けるといった方法が考えられる。

例えば日産自動車が第４４回東京モーターショー２０１５に出展した自動運転のコンセプトカー「IDS Concept」にはフロントウインドーの下にディスプレイがあり、そこに「お先にどうぞ」などのメッセージが表示され、歩行者に車両がこれからどのように行動するかを伝えたり、車両の側面に線状に青く光る表示で、横を通る自転車や二輪車を車両が認識していることを伝えるようになっていた。

こうしたディスプレイをどんな大きさで、車両のどこに取り付けるか、そこにどんな内容の情報を表示するかについては、自動車メーカーごとにばらばらのやり方では歩行者や運転者が混乱する。そこで、最低限、どんな内容をどんな形で表示するのか、国際的な標準化が必要になるだろう。

おわりに

筆者は技術雑誌の専門記者として30年近く働いてきた。そして、日本の電機産業が頂点を極めてから凋落するまでをつぶさに見る機会に恵まれてきた。まず半導体、テレビ、携帯電話、そしてリチウムイオン電池……。そうした眼で見ると、いまの日本の自動車産業の状況は、あまりにも電機産業の姿、特にテレビ産業の姿に重なって見えてならない。

日本のテレビ産業は、1980年代のバブルの膨張とともに頂点を極め、世界シェアの面でも、画質の面でも世界に冠たる地位を築いた。テレビの画質を左右するのはブラウン管であり、ブラウン管は大きく重い部品なので、テレビの組立工場の近くにブラウン管の製造工場を置くのが合理的だった。また、ブラウン管の製造はノウハウの塊で、新興国のメーカーはなかなか追いつくことができなかった。

これは、クルマの心臓部がエンジンを中心とするパワートレーンであり、どの完成車メーカーも、エアコンやメーター、インテリアの部品は外部から購入しても、エンジンだけは内製していること、エンジン製造はノウハウの塊で、その性能・品質に新興メーカーが追いつくのは並大抵のことではないのも似ている。

ところがテレビの場合、ブラウン管が液晶パネルになると、製造のノウハウは製造装置に移り、新興国メーカーが追いつくことがブラウン管の時代よりもはるかに容易になった。ブラウン管の時代ほど、画質で違いを出すのも難しくなった。こうなると、コスト競争力の高い新興国メーカーがぜん有利になってくる。

それでも日本のメーカーは、テレビの差別化要因は画質にあるとばかり、細かい画質競争に陥り、4Kや8Kといった、通常の消費者では違いを判断するのが難しい領域まで高画質化を進めているのが現状である。テレビの付加価値を、従来の方向の延長線上にしか見いだせないことが背景にある。

しかし韓国や中国のメーカーは、画質は追求しつつも、例えばインターネットに容易につなげる、ユーチューブの動画も簡単に楽しめるなど、従来の「放送電波を画像に変換して表示する」というテレビの概念を超えた機能をテレビに与えることで、日本のテレビメーカーよりもむしろ先行している。携帯電話がスマートフォンに代わったように、テレビもスマートテレビへと進化しつつあるのだが、その動きを先導しているのは残念ながら日本の企業ではない。

現在、クルマの価値として「運転の楽しさ」を追求する日本の完成車メーカーの姿は、かつて画質ばかりを追求していたテレビメーカーの姿に重なって見える。もちろん、テレビにおいて画質が永遠の課題であるように、クルマにおいて運転の楽しさもまた、永遠の課題であることは間違いない。

しかし、スマートフォンの主要な価値が「通話の音質」ではなくなったように、クルマの評価軸の中心も、近い将来に「運転の楽しさ」ではなくなる可能性が高い。現在の若者の「クルマ離れ」と呼ばれる現象を見るにつけ、その感を強くする。

だが、いまや自動車産業は貿易黒字額の半分以上を稼ぎ出す基幹産業であり、自動車産業が傾けば、日本という国が外貨を稼ぐ力が大きく衰えることは必至だ。

本書は、他の産業ですでに起こっている「複層的な価値形成」が、自動運転やコネクテッドカーというウねりとともに、いよいよ自動車産業にも本格的に襲い掛かってくること、そしてその影響は、多くの周辺産業にも及ぶことを紹介してきた。

これは、決して暗い未来ではない。むしろ、新しい発想がある企業には多くのビジネスチャンスが広がっている明るい未来である。完全自動運転が実現されれば、我々の生活はより便利に、より自由に、より快適になるはずだ。そして、現在は存在しない多くの新しいサービスが生まれているだろう。日本企業がそうした新たなモビリティ・サービスを生み出す発信源となるために、本書がその一助となったらこれ以上の喜びはない。

２０１７年８月　鶴原吉郎

●著者プロフィール

鶴原吉郎（つるはら・よしろう）

オートインサイト代表／技術ジャーナリスト／編集者。1985年日経マグロウヒル社（現日経BP社）入社、新素材技術の専門情報誌、機械技術の専門情報誌の編集に携わったのち、2004年に自動車技術の専門情報誌「日経 Automotive Technology」の創刊を担当。編集長として約10年にわたって、同誌の編集に従事。2014年4月に独立、クルマの技術・産業に関するコンテンツ編集・制作を専門とするオートインサイト株式会社を設立、代表に就任。共著に「自動運転：ライフスタイルから電気自動車まで、すべてを変える破壊的イノベーション」（日経BP社）

自動運転で伸びる業界 消える業界

2017年9月30日　初版第1刷発行

著　者　鶴原吉郎
発行者　滝口直樹
発行所　株式会社マイナビ出版
〒101-0003 東京都千代田区一ツ橋2-6-3 一ツ橋ビル 2F
TEL 0480-38-6872（注文専用ダイヤル）
TEL 03-3556-2731（販売部）
TEL 03-3556-2736（編集部）
Email：pc-books@mynavi.jp
URL：http://book.mynavi.jp

編　集：株式会社 カデナクリエイト
ブックデザイン：小口翔平＋三森健太（tobufune）
DTP：株式会社 QBQ、三浦由美子
印刷・製本：図書印刷 株式会社

ISBN978-4-8399-6365-1
Printed in Japan